二十四节气与七十二物候

来自历法源头的影像物候报告（修订版）

李学峰 著

中国摄影出版传媒有限责任公司
China Photographic Publishing & Media Co., Ltd.
中国摄影出版社

序言

　　2016 年 11 月 30 日，联合国教科文组织通过决议，将中国申报的"二十四节气——中国人通过观察太阳周年运动而形成的时间知识体系及其实践"列入联合国教科文组织《人类非物质文化遗产代表作名录》。在国际气象界，这一时间认知体系被誉为"中国古代第五大发明"，实在可喜可贺。2018 年 9 月 26 日，中国气象服务协会在北京钓鱼台国宾馆举行仪式，颁发"翼城·历山·历法之源"牌匾，确认晋南临汾市翼城县为"七十二候"起源之地。这是中国气象界对中国历法起源问题的专业性和权威性的认证。

　　没有想到国庆长假刚过，临汾市气象局的延雪花副局长就与我联系，说翼城县粮食中心主任李学峰同志是一名摄影爱好者，也是一名喜欢科普创作的文学爱好者，他自 2015 年 8 月起用三年的时间将二十四节气和七十二候全部"拍摄"了出来，目前计划付梓，想请我审查并作序。这可是一个向国民宣传普及气象知识和中华民族优秀传统文化的大好事，我没有拒绝的理由，便爽快地答应了他们的要求。

　　当我仔细地看过李学峰的这部饱含深情、得来不易的气象科普摄影作品后，我被作品所具有的严谨的科学性和优美的艺术性所撼动，这简直就是一场气象科技与摄影艺术融为一体的盛宴。我十分乐意将此部作品向广大读者，特别是广大的青少年朋友，以及气象、历法爱好者们推荐，这不仅是一部科普作品、艺术作品，更重要的是，它对传播优秀的中华文化，促进物候学研究，推动地方经济和旅游事业的发展具有十分重要的意义。

中华文化博大精深，源远流长，早在尧舜时期就开始了对历法、物候的探索。《尚书·尧典》记载：尧"乃命羲和，钦若昊天，历象日月星辰，敬授民时"。晋南陶寺遗址考古成果不仅确定了"最古老的中国在晋南"，而且也就古人对历法的探索提供了实证资料。《竹书纪年》记载：尧"元年帝即位居冀命羲和历象"；舜"元年帝即位居冀作大韶之乐"；禹"元年帝即位居冀颁夏时于邦国"。夏时即夏历，冀便是古冀州，即晋南为中心的广大地区。历史上便有舜耕历山的记载，相传舜带领先民们创制了中国最早的历法——七十二物候历，而这座神圣的大山就在晋南翼城与沁水、垣曲和阳城的交界处。李学峰的这部作品进一步证实了历法之起源地的准确性，坐实了历法之起源地的科学论证，也进一步呈现了中国二十四节气在农耕文明时代，对中国科学早期发展的贡献。

科普摄影作品首先应当具有严谨的科学性，同时还要具有赏心悦目的艺术性。李学峰的作品二者兼备。希望作者在今后的研究中，不断创新，将艺术与科学紧密地结合起来，创作出更多、更精彩的经典之作，引以为盼。

是为序。

2018 年 12 月于北京

序言作者系中国工程院院士、中国国家气候中心研究员、中国气象局气候变化特别顾问、国家气候变化专家委员会副主任委员、国家环境委员会委员、中国气象学会《气象学报》主编。

前　言

　　二十四节气是我国先民在长期的生产生活实践中，通过观察太阳周年运动规律而创立的为农业生产和人民生活服务的历法，是中国历法的重要组成部分，历史悠久，源远流长。它对中国农耕文明产生了深远的影响。中国古代这一发现，不仅在中国文明史上是一朵奇葩，而且在世界文明史上也占有重要的地位。我国古代以五日为一候，三候为一气。一年分二十四气、七十二候。各候各气都有其自然特征，合称"气候"。2016 年 11 月 30 日，二十四节气被联合国教科文组织列入《人类非物质文化遗产代表作名录》，国际气象界誉其为"中国古代第五大发明"。它是中华民族宝贵的优秀文化遗产。

　　2015 年 6 月 18 日，中国社会科学院在北京国务院新闻中心发布陶寺遗址考古成果，证明"最古老的中国在晋南"，尧舜古都在陶寺。特别是陶寺古观象台的发掘，证明了早在 4300 年前，先人们就确定了"二分二至"，并对节气进行探索。《尚书·尧典》记载："尧'乃命羲和，钦若昊天，历象日月星辰，敬授民时'。"据考证，羲和是羲仲、羲叔、和仲、和叔四人。他们被尧派到东、南、西、北四个地方，分别观测仲春、仲夏、仲秋、仲冬的中星，并举行相关的迎日、送日仪式。而这个观测星象判定季节的中心地区便是晋南云丘山。据《史记》记载，舜王早年耕治于历山。到舜王受尧禅让后，便任命弃为后稷主政农事教民稼穑。据《竹书纪年》记载，尧、舜、禹均都于冀（古冀州以晋南为中心），颁夏时于邦国。夏时即《夏小正》，是中国最早的一部物候历书。所以，我国著名的七十二物候就应当开始形成于舜耕历山及其主政时期。因此，人们把晋南称作二十四节气的"发端"。2018年9月26日，中国气象服务协会在北京钓鱼台国宾馆举行仪式，授予晋南翼城历山"历法之源"牌匾，这是专业学术机构最新的认定结果。

　　二十四节气具有鲜明的科学性、地域性和系统性，它长期以来受到广大人民群众的关注，并被列入中小学教科书。同时，二十四节气也受到广大艺术工作者的青睐，围绕二十四节气所产生的艺术作品浩若星辰，深受广大人民群众喜爱。许多影友也把二十四节气作为拍摄方向，积极进行创作活动，产生了一大批节气作品。但是，拼凑起来的二十四节气作品是不严谨的，更是不科学的。为了能准确地用影像反映二十四节气，特别是力图准确地呈现古人关于节气、物候的表述，笔者用了三年的时间，以二十四节气的发源地黄河中游晋南地区为主，进行了积极的创作探索，形成了第一版后，又进行了两年的提升创作，进一步对其予以完善。在此要说明的是，二十四节气的划分其实应当是一种科学的方法，不同地域应当有不同的气候表现。二十四节气的内涵也是广泛的，它不仅包含节气和物候，还包括节气与农业生产、节气与健康、节气与民俗文化、节气与诗词歌赋等。本书只是用摄影作品对其核心部分的节气与物候进行了表述。在当今人们普遍追求更高品位生活的情况下，拥有高雅的生活方式，更健康地生活，成为人们新的奋斗目标。因此，在文字方面，本书对节气文化和节气养生知识也有重点地进行了收集归纳。同时，为了利于广大青少年朋友更好地积累知识，本书将关于节气的诗词歌赋融入相关节气知识之中，有的难字生僻字也加注了拼音，以便于阅读。希望通过本书的出版发行，我们能与农业专家、气象学专家、广大影友和读者朋友进行交流，以把我国这一优秀的传统文化更加准确、更加精彩地展现在人们面前。

目　录

夏 季

78

秋 季

138

冬季
192

春 季

立春·蜡梅报春 / （拍摄于晋南临汾市汾河西岸三友园内）

立春

窗外风不寒，蜡梅花劲开。

冰河在解冻，春天已到来。

立春是二十四节气中的第一个节气，也是春季的第一个节气，也就是人们常说的"节气之首，四时之始"。从天文学意义上说，每年公历2月3、4或5日，太阳位于黄经315°时为"立春"。《淮南子·天文训》曰："（大寒）加十五日斗指报德之维，则越阴在地，故曰距日冬至四十六日而立春，阳气冻解。"如果我们用古人观测星相的办法返回至尧舜禹时期来确定节气，那么在立春节气的傍晚七时左右，只要天气晴好，我们仰望星空，就可以看到北斗七星的斗柄指向东北45°的地方。而现在由于"年差"的原因，方位已经发生了变化。《月令七十二候集解》曰："立春，正月节。立，建始也。五行之气，往者过，来者续。于此而春木之气始至，故谓之立也。立夏、秋、冬同。""立"表示开始，"春"表示季节，"立春"有春之节气开始之意，在我国古代以"春为岁首"，立春称为"春节"，而农历的正月初一称为"元旦"，是汉族民间重要的传统节日之一。1912年，当时的中华民国政府采用公历作为国历。原阴历元旦即正月初一改称"春节"，而"立春"从此不再称为"春节"了。

1949年9月27日，经中国人民政治协商会议第一届全体会议通过，新成立的中华人民共和国使用国际社会大多数国家通用的公历和公元纪年法，但是也并没有废除农历，现今的中国传统节日时间还是以农历为准。

立春是从天文学角度来划定的，而在气象学上，以连续 5 天平均气温在 10℃以上为春季的开始。这时的"立春"其实只是立意，人们往往以立意超前而物候滞后的方式走过生活的岁月。通俗地讲，在我国当候平均气温低于 10℃时是被作为冬季对待的，高于 22℃被作为夏季对待，10℃—22℃才被视作气候学中的春、秋季。从冬至开始入九，"五九"四十五天后，立春正好是"六九"的开始。从这一天起，一直到立夏的这段时间，一直都被我们称为"春天"。此时，黄河中游的晋南地区仍然处于冬季状态。有民谚"春风吹破琉璃瓦""春风裂树皮"，就很好地形容了春风仍然冷峻。然而，在一些背风向阳处，一些耐寒坚韧的小草，已经感知到春天的暖阳气息，颜色开始返绿了。唐代顾况有《山径柳》诗曰："宛转若游丝，浅深栽绿崦（yān）。年年立春后，即被啼莺占。"唐代贺知章有《咏柳》诗曰："碧玉妆成一树高，万条垂下绿丝绦。不知细叶谁裁出，二月春风似剪刀。"其实，手执神剪的春姑娘，2 月初才会从广州开始北上，中旬至昆明，下旬越过云贵高原进入四川盆地。春姑娘 3 月中旬到达武汉，下旬越过黄河，到 4 月上旬到达黄河中游的晋南地区。此时，那一株株碧玉妆成的垂柳，才会萌发新芽，从而引来叽叽喳喳的小鸟。而到 4 月中旬春姑娘才会跨过山海关，到达哈尔滨，5 月中旬才能到达我国的北极村——漠河。

农谚曰："一场春雨一场暖。"立春时节，东风送暖，大地解冻。

我国南方地区就该开始春耕备播了。而在华北大部分地区仍然很冷，偶尔还会出现"白雪却嫌春色晚，故穿庭树作飞花"的景象。有谚语"春打六九头，雪水满街流"，就是说立春时节仍然还会降雪。黄河中游晋南地区冬小麦才刚刚开始返青，宜根据墒情结合施肥适时浇灌返青水。农谚"立春雪水流一丈，打的麦子没处放"，就是说早春的土壤墒情对冬小麦的生长很重要。秋田要搞好顶凌耙耱，送粪积肥，清洁果园，整形修剪。

立春之日的迎春活动至少有3000多年的历史，官方和民间都极为重视，且丰富多彩。如果说冬至官俗多、端午民俗多的话，那官俗、民俗俱多的就是立春了。在古代，人们对大自然充满了敬畏，春分祭日，秋分祭月，为了收成要祈年，为了驱旱要祈雨，为了赶走洪涝要祈晴。至今，许多名山大川、乡土庙宇依然保留传承着一些五花八门的祭祀活动。据《礼记·月令·孟春之月》记载，每年立春之日，皇帝都要率领三公九卿、诸侯大夫到东郊迎春。民间则有演春、迎春、报春、送春帖、迎春神、鞭春牛、咬春、吃春盘、剪春幡（fān）等迎春活动。在各种迎春活动前，先进行预演叫"演春"。立春当日正式迎春，意思是把春天和句（gōu）芒神接回来。有的地方还有报春活动，就是在立春前一天由两名艺人顶冠饰带，称"春吏"，沿街高喊"春来了"，俗称"报春"。另外，也有小孩着青衣戴青帽，逐户送上一张春牛图或迎春帖子进行报春，意思在提醒人们：春天来了，"一年之计在于春"，要抓紧合计全年的农事，莫负农时。不少地方也有"鞭春牛"的仪式，即"引春牛而击之"，又称"打春"，其意也在提醒人们发展生产，鼓励农耕，劝民农桑。唐代元稹（zhěn）有《生春》诗曰："鞭牛县门外，争土盖蚕丛。"宋仁宗则颁布了《土牛经》，以教育民众顺应天时，更加促进了"打春牛"风俗的兴起。牛是农耕时代主要的生产工具，人们用牛来迎接春天的到来，既表达了迎春促农的心情，又表达了人们对耕牛的尊重和敬意。现代伟大的文学家鲁迅《自嘲》中有"横眉冷对千夫指，俯首甘为孺子牛"这一名句，使"牛""孺子牛"的精神得到升华，人们用"孺子牛"来比喻心甘情愿为人民大众服务、无私奉献的人。

立春这一日，还有"咬春"的习俗。一般人家在这天都要讲究吃萝卜、生菜，以及葱、蒜、芥（jiè）、姜、韭等五种辛辣味的菜蔬拼成的"五辛盘"，又叫"春盘"。因为五种菜蔬味辛辣，取古人"咬得草根断，则百事可做"之意。清代流传有《咬春诗》曰："暖律潜催腊底春，登筵生菜记芳辰。灵根属土含冰脆，细缕堆盘切玉匀。佐酒暗香生匕筴（jiā），加餐清响动牙唇。帝城节物乡园味，取次关心白发新。"可以想象，那时"咬春"的风俗还是非常盛行的。一个"咬"字，咬的是心情，更是心底埋下的吃得了苦的一种韧劲儿，是中国人特有的一种风俗。唐代杜甫《立春》曰："春日春盘细生菜，忽忆两京梅发时。盘出高门行白玉，菜传纤手送青丝。巫峡寒江那对眼，杜陵远客不胜悲。此身未知归定处，呼儿觅纸一题诗。"其中所说的"春日春盘细生菜"和"菜传纤手送青丝"就是描述了当时立春日的"咬春"活动。而在晋南唐尧大地、后稷故里的翼城一带，也有正月二十吃卷卷的习俗。卷卷是晋南正月二十制作的一种美食。把小麦粉糊先鏊（ào）煎成纸张厚薄，然后卷入豆芽、韭黄、菠菜、粉条、鸡蛋，也有加入肉丝或海鲜的。卷卷直接食用鲜美无比，煎炸后食，其香味更浓。人们用这种方式来怀念后稷对家乡、对社会的贡献。现代地方诗人张美恭写有打油诗《卷卷》："吃了饺子煮汤圆，赶到二十吃卷卷。鏊煎春饼赛蝉翼，十样菜蔬裹里边。豆芽长，韭黄艳，肉丁藕丝加海鲜。晶莹剔透嫩欲滴，酥脆清香味缠绵。谷仓爷爷生弃里，唐尧添仓别有天。卷卷就是粮食袋，教咱小瓮大缸满。小老鼠，喜结缘，坛坛罐罐全盖严。神祇在上磕头拜，五谷丰登祈丰年。"

立春节气前后，会迎来我国人民的传统节日——春节。春节的前一天是"除夕"。这一天，家家户户都要在大门上贴"福"字，贴春联，挂红灯笼，增添节日气氛，还有用燃放鞭炮来驱逐传说中的怪兽"年"的习俗。由于近年来人们环保意识的增强，现在燃放鞭炮的行为越来越少了。宋代王安石有《元日》诗"爆竹声中一岁除，春风送暖入屠苏。千门万户曈曈日，总把新桃换旧符"，就是描写宋人过大年时的情景。

节气与健康

春季，阳气初生，需精心呵护。春气与人体之肝脏生发、条达之气相应，如果违逆了肝脏的生发条达之性，就会产生肝郁、肝风、肝火等病症，不仅影响人的情绪，而且会损伤人体"肝藏血"的功能，从而损伤人体正气。

春季，人体腠理（còu lǐ）开始变得疏松，祛寒避邪力减弱。同时，由于春寒料峭，户外活动一定要注意缓和并保暖，否则，会损耗初起之少阳。生活在北方地区的人不宜顿去棉服。具体按"下体宁过于暖，上体无妨略减"掌握，以养阳之生气。室内生活应适时开窗透气为好，要克服慵懒（yōng lǎn）心理，积极与大自然相适应，多到室外活动，力求身心健康、精力充沛。在早春，阳气初生，宜食辛甘发散之品，如大枣、豆豉（chǐ）、葱、香菜、花生等。从中医来说，五辛盘中菠菜、春笋、韭菜等也都是辛甘发散性食物，有驱寒杀菌、健脾宽胃的功效。这也是中华先民们长期以来适应大自然、顺应天时的聪明智慧。此时宜吃菠菜，菠菜所含微量元素物质居多，能促进人体新陈代谢，增进身体健康；宜吃春韭，韭菜含有丰富的膳食纤维，可以促进肠道蠕动，预防大肠癌的发生，同时还能减少人体对胆固醇的吸收；宜吃春笋，由于春笋含有丰富的植物蛋白及钙、磷、铁等人体必需的营养成分和微量元素，特别是其膳食纤维含量很高，有利于帮助消化、防止便秘；宜吃萝卜，萝卜有益于消积滞、化痰止咳、下气宽中、解毒等，所以自古便有"萝卜上市，郎中下市"之说。同时，春天已到，动物也大都进入繁殖盛期，别滥砍树木，别掏鸟巢，别随意猎杀它们，以建设一个良好的生态系统。《逸周书·月令》"禁止伐木，无覆巢，无杀孩虫，胎夭飞鸟"，就是这个道理。

立春有三候：初候，东风解冻；二候，蛰虫始振；三候，鱼陟(zhì) 负冰。自立春起，东风轻拂，冰雪始融；过五天，有的冬眠动物动起身来；又过五天，可以看到鱼儿闻暖，上游至冰层了。

［立春 · 初候 · 东风解冻］

《月令七十二候集解》曰："初候，东风解冻。冻结于冬，遇春风而解散。不曰春，而曰东者，《吕氏春秋》曰：东方属木，木，火母也。然气温，故解冻。"《逸周书汇校集注》曰："向之水泽腹坚，今则无不融释也。"意思是说，东风送暖，大地开始解冻了。在我国每一个季节都有一个盛行的风，就是说经常刮什么风，也就是我们经常听到的季风。在古代，人们把东风也称俊风、婴儿风，是指这种风与冬天寒冷刺骨之风相比感觉很温柔、湿润，已经不再有扎脸的感觉了，这就是春风。随着东风吹拂，大地开始解冻，河水的水温开始提升。有谚语曰："立春一日，水暖三分"，"木梢寒未觉，地脉暖先知"。

（拍摄于晋南临汾市汾河西岸）

［立春·二候·蛰虫始振］

　　《月令七十二候集解》曰："二候，蛰虫始振。'蛰'，藏也，'振'，动也，密藏之虫因气至而皆苏动之矣。鲍氏曰，动而未出，至二月乃大惊而走也。"蛰虫，指藏在泥土中过冬的虫豸（zhì）。虫豸，旧时对虫子的通称。《逸周书汇校集注》曰："蛰虫始振，即《小正》所谓正月启蛰也。"意思是说，此时，冬天蛰伏的虫子感受到了春天的气息，身体也随着气温的回升慢慢回暖，有的开始苏醒了，但是它们僵硬的身体偶尔还只是动一动而已，有的在巢穴周围活动并走飞不远。现在有一种流行的说法，认为一到春天，天空一声春雷，惊醒了蛰伏的动物。其实，这是一种误解。因为此时距离春分的二候"雷乃发生"还有一个月的时间，因此动物的苏醒与雷声没有直接的关系。真正唤醒它们的，不是春雷，而是春风所带来的温暖。图为蛰伏中的土蜂在始振。

（拍摄于晋南临汾市翼城县绵山脚下封壁村）

〔立春·三候·鱼陟负冰〕

　　《月令七十二候集解》曰:"三候,鱼陟负冰。陟,言积,升也,高也。鱼陟,负冰陟升也。鱼当盛寒伏水底,而遂暖至正月,阳气至则上游而近冰,故曰负。"意思是说,立春之日,河里的冰开始融化,民间有"打春阳气升"的谚语。此时,在水底闷了一冬的鱼儿感受到了上层的温暖,开始向水面游动。由于水面上还有没完全融化的碎冰,就像鱼儿背负着一般。据笔者观察:此时,冰块正在融化,水中冰碴儿碎屑弥漫,河水呈浑浊状态,并不能清澈见底。拍摄"鱼陟负冰"切忌使用冰箱冻冰摆拍,那样尽管水变清了,画面变"美"了,但是并不能真实反映实际的物候状况。

　　　　　　　　　　　　　　　　（拍摄于晋南临汾市曲沃县浍河水库下游）

雨水·迎春花开 /（拍摄于晋南临汾市翼城县城西）

雨
水

细雨润发丝，迎春花儿艳。

溪畔黄牛吼，杏花蕾待开。

雨水 是二十四节气中的第二个节气，每年公历的 2 月 18、19 或 20 日，多半是在中国农历的正月十五前后，太阳位于黄经 330° 时为"雨水"。《淮南子·天文训》曰："（立春）加十五日斗指寅则雨水。"此时，气温回升，冰雪融化，降水增多，故取名为"雨水"。雨水和谷雨、小雪、大雪一样，都是反映降水现象的节气。《月令七十二候集解》曰："雨水，正月中。天一生水，春始属木，然生木者，必水也，故立春后继之雨水。且东风既解冻，则散而为雨水矣。"与"小雪"二候正好相对。《吕氏春秋》曰："天气下降，地气上腾，天地和同，草木繁动。"此段时间，北半球的日照时数和光照强度都在增加，气温回升加快，来自海洋的暖湿空气开始活跃起来，逐渐向北推进，与大陆上的冷气团激烈而频繁地较量对峙，形成冷暖气团相交的降水锋面。就是说随着雨水节气的到来，那种寒风刺骨、滴水成冰的时日已经过去，而春风吹拂，冰雪融化，柔和温暖的阳光时不时地会普照大地，和风细雨的天气越来越多了起来。雨水时节的降水，会呈现出降雪减少而降雨增多的趋势。有谚语说"三月还有桃花雪，四月还有李子霜"，就是说即使到了农历三月，都还有可能降雪；即使到了四月，李子正在幼果期了，也有可能降下霜来。在我国多数地区，最后一场降雪要到雨水至惊蛰时节了，只是雨水时便已经很少见了。唐代韩愈有《初春小雨》诗曰："天街小雨润如酥，草色遥看近却无。最是一年春好处，绝胜烟柳满皇都。"该诗正是描述了京城长安雨水时节的好风光。

在我国，雨水季节北方大部分地区仍然是一片萧索。然而，若你行走在黄河中游地区的茫茫田野之上，一定会看到在那背风向阳之处，一簇簇的迎春花在绽放，给人以春的气息和温暖。郭沫若在《百花齐放·迎春花》中写道："春天来了，我们的花开得比较早，金黄色的小小喇叭，压满了枝条。"此时，黄河中下游地区的降水量一般都在10毫米以下，正处于由雪转雨的过渡性时段，而越冬小麦、油菜也正好处于返青、起身期，需水量开始增加，因此有"春雨贵如油"的说法。唐诗人杜甫《春夜喜雨》曰："好雨知时节，当春乃发生。随风潜入夜，润物细无声。"人们正当需要的雨，便是好雨了。此时，"立春天渐暖，雨水送粪忙。"以小麦春灌、耙耱保墒、中耕保墒为中心的大规模的麦田春季管理工作开始，秋田一般均采用顶凌耙耱或镇压的农艺措施，并开展运送农家肥等农业生产活动。而在南方，大部分地区的气温都上升到了10℃以上，已经进入了气候学上真正意义的春天。清郑板桥有副名联："春风放胆来梳柳，夜雨瞒人去润花。"宋苏轼有"竹外桃花三两枝，春江水暖鸭先知"的诗句。可以得见，南方与北方的早春是那么的不同。在春风春雨的催促下，华南双季早稻育秧工作已经开始，广大的农村开始呈现出繁忙的春耕景象。有的地方雨水较多，农田清沟沥水，中耕除草，预防湿害烂根很有必要。

雨水节气前后的正月十五是元宵节，正月是农历的元月，古人称夜为"宵"。所以，人们把一年中第一个月圆之夜称为"元宵节"，它是中国人民一个重要的传统节日。传说元宵节是汉文帝为纪念"平吕"而设。汉高祖刘邦死后，吕后之子刘盈登基为汉惠帝。惠帝生性懦弱，优柔寡断，大权渐渐落在吕后手中，并逐渐将刘氏天下变成了吕氏天下，朝中老臣，刘氏宗室都敢怒不敢言。吕后病死后，诸吕惶惶不安，害怕遭到伤害和排挤，于是，在上将军吕禄家中秘密集合，共谋作乱之事，以便彻底夺取刘氏江山。刘氏宗室齐王刘襄为保刘氏江山，正月十五起兵讨伐，"诸吕之乱"终被平定。于是，京城里张灯结彩，以示庆贺。从此，元宵节便成了一个普天同庆的民间节日。

元宵节自古以来就以热烈喜庆的观灯习俗为主，此日，人们猜灯谜、赏花灯、燃放烟火，还要跑旱船、踩高跷、敲锣打鼓，成群结队地进行游行，俗称"闹元宵"。由于古代男女"授受不亲"，平日里实难相见，因此，元宵节也是青年男女相会的好时机。北宋欧阳修《生查子》曰："去年元夜时，花市灯如昼。月上柳梢头，人约黄昏后。"南宋辛弃疾《青玉案》曰："众里寻他千百度，蓦然回首，那人却在灯火阑珊处。"两诗正是描述元宵夜青年男女幽会的情景。2008 年 6 月，元宵节入选第二批国家级非物质文化遗产。

农历正月二十五是填仓节。传说古时候，北方连年大旱，赤地千里，颗粒无收。可是，朝廷不顾人民死活，继续强征皇粮，地方官员也趁机横征暴敛，闹得民不聊生，饿殍（piǎo）遍野。这时，给皇家看管粮仓的官员，古称"司仓"，看到官仓里大囤大囤的粮食和父老乡亲们却衣不蔽体食不果腹的景况，多次上书皇上禀报民情无果，实在无法忍受，便冒死开仓放粮，赈济百姓。司仓知道触犯王法，难免一死，便在正月二十五这天放粮之后点火烧仓，他自己也一并葬身于火海。后来，人们为了纪念这位好心的司仓，重补了被火烧坏的官仓，相沿成习，填仓佳话也世世代代地广为流传下来。

节气与健康

雨水时节，人们养生要以防寒保暖、健脾祛湿和准备养阳为主。防寒保暖应注意春捂。由于此时的天气升温开始明显起来，但同时也是寒潮时常侵袭的时候，民间谚语"二月休把棉衣脱，三月还有梨花雪""吃了端午粽，再把棉衣送"就是这个道理。因此，一定要注意"春捂"。俗话说："春不减衣，秋不戴帽。"春捂要做到恰到好处，不要过早地脱掉棉衣，要视天气适当增减衣物。具体的春捂是要做到"下厚上薄"。人体下部血液循环较上部差，容易受到寒冷的侵袭，因此，要注意背、腹和足底的保暖，以预防感冒。而腹部保暖，则是为了预防消化不良和寒性腹泻。衣着要注意多穿着一些宽松舒适、透气的服装，同时，也并不是穿得越多越好，如果捂出了一身汗，反而更容易着凉伤风。在南方的一些地区，雨水开始过多，也会造成一些人因湿气过重而湿困脾胃，出现食欲不振、消化不良、腹泻等症状。《黄帝内经》说："湿气通于脾。"明医张景岳说："土气为万物之源，胃气为养生之主。胃强则强，胃弱则弱，有胃则生，无胃则死，是以养生家必当以脾胃为先。"元医李东垣则说："脾胃伤则元气衰。"所以要注意加强对脾胃的养护。通常，人们以多喝汤粥的方式滋养脾胃。一般山药粥、红枣粥、莲子粥等都是很好的选择。人们以芡（qiàn）实莲子苡仁汤进行食疗，以养护人体的阳气。宜省酸增甘，以养脾气。可以多食韭菜、香椿、百合、茼蒿、春笋、藕、芋头、萝卜、山药等。同时，人们的情绪也常常会因为天气的变化而产生波动，这样会对人的健康造成不良影响。元医李东垣还说："凡愤怒、悲思、恐惧，皆伤元气。"情绪波动特别是对于一些高血压、心脏病、哮喘病患者等人群更是不利。所以，一定要注意控制好自己的情绪，加强综合修养以利健康，可迎着太阳晨练。晨练不宜起得太早，应太阳出来、气温升高时再去锻炼，运动要适度，不要出太多的汗。

雨水有三候：初候，獭（tǎ）祭鱼；二候，鸿雁北（来）；三候，草木萌动。雨水到，水獭见水中游鱼多多，急不可耐，抓捕到手都来不及享用，匆匆放置于岸上，又下水猎捕，就好像陈祭于天的样子。过五天，鸿雁自南向北飞过。又过五天，便能看见一些早发的草木开始萌芽了。

[雨水·初候·獭祭鱼]

　　《月令七十二候集解》曰："初候，獭祭鱼。獭，一名水狗贼，鱼（'渔'之古体）者也；祭鱼，取鱼以祭天也。所谓豺獭知报本。岁始而鱼上游，则獭初取以祭。徐氏曰，獭祭，圆铺圆者，水象也，豺祭，方铺方者，金象也。"《逸周书汇校集注》曰："獭也者，獱（biān）也，水禽也，一名水狗，似狐而小，青色。此时鱼肥美，獭将食而先置之水边，四面陈之，有似于祭。"意思是说，此时，水獭开始捕鱼了，它们先将鱼摆放于岸上，如同先祭后食一样。所以古人称其为"獭祭鱼"。据笔者观察：初春时节，水獭见水中鱼儿多了起来，急于猎捕。于是先捕获一批之后放于岸上，随后慢慢享用。且其吃相与人们祭拜时动作相像，故得名。拍摄"獭祭鱼"与"鹰乃祭鸟""豺祭兽"一样，宜抓拍动物拟人化的祭拜动作，以体现古人意图。

（拍摄于海南岛天鹅湖动物养殖基地）

［雨水·二候·鸿雁北］

  《逸周书汇校集注》曰："鸿雁来者，自南而北也，即《小正》所谓正月雁北乡也。案《时训》'小寒之日'已言'雁北乡'，此直云鸿雁来，而其义自见，且雁无定居，有似旅人，故南北皆可以言来。"《月令七十二候集解》曰："二候，候雁北。《月令》《汉书》作鸿雁北。雁，知时之鸟，热归塞北，寒来江南，沙漠乃其居也。孟春阳气既达，候雁自彭蠡而北矣。"意思是说，此时大雁开始由南方越冬的栖息地鄱阳湖北飞，人们可以看到空中迁飞的大雁了。在晋北的雁门关，曾有"南雁北飞，口衔芦叶"的记载。意思是说，雁门关关雄陡险，就连迁飞的大雁也必须衔叶助力方可飞越。

（拍摄于赣北九江市鄱阳湖畔永修县吴城镇）

［雨水·三候·草木萌动］

　　《月令七十二候集解》曰："三候，草木萌动。天地之气交而为泰，故草木生发动矣。是为可耕之候。"意思是说，此时，一些发芽较早的植物随着地中阳气的上腾而开始抽发嫩芽，农民也可以到田间进行春耕农事活动了。《夏小正》曰："囿有见韭。"其实，拍摄"草木萌动"以春韭露头为最佳也。

（拍摄于晋南临汾市翼城县中卫粮站）

惊蛰 · 翔山春早 / （拍摄于晋南临汾市翼城县东南翔山）

惊蛰

远处云翻滚，隐隐闻雷声。

惊蛰不耕田，不过三五天。

惊蛰 是二十四节气中的第三个节气，古称"启蛰"，标志着仲春时节的开始。每年公历 3 月 5 日或 6 日，太阳到达黄经 345° 时为"惊蛰"。《淮南子·天文训》曰："（雨水）加十五日斗指甲则雷惊蛰。"《逸周书汇校集注》曰："盖前此有动有不动，今则无不动矣，故《月令》仲春言蛰虫咸动也。"意思是说，在冬季好多动物都会藏伏起来，不饮不食。这种现象称为"蛰"。到立春时，蛰虫们有的开始苏醒了。而到惊蛰之时，上天的雷声就会把蛰居的动物惊醒过来，应该出蛰的动物就都跃跃欲试了。而到春分时节，蛰伏的虫子们就都全部出动了。古人观察动物的起居是十分细致的，昆虫的孟春始振、仲春咸动、秋分坯户、霜降咸俯之记录是符合黄河中游物候发生规律的。

惊蛰时有"春雷惊百虫"之说。但是在二十四节气起源地的黄河中游地区，这个时期天气开始转暖，春雷初鸣，但还没有出现乍寒乍暖的天气。农谚有"冷惊蛰，暖春分""惊蛰刮北风，从头另过冬"之说。晋代诗人陶渊明有诗曰："促春遘（gòu）时雨，始雷发东隅，众蛰各潜骇，草木纵横舒。"而实际上，昆虫是听不到雷声的，大地回春，天气变暖才是使蛰虫结束冬眠，"惊而出走"的原因。那并不算艳丽的山桃花遍布山坡尽情绽放，向人们表示春天的到来，然后是杏花和桃花的次第绽放。

"惊蛰"在历史上最早叫"启蛰"。最早记录物候现象的古典文献《夏小正》曰："传正月启蛰，言始发蛰也。"其实，这里所记录的应该是立春时节二候的"蛰虫始振"。从这里我们便可以看到二十四节气源头的痕迹。在当今的汉字文化圈中，日本从贞享进行历改开始就一直在使用"启蛰"这个名称。我国则由于在汉朝之时，要避汉景帝名"启"的名讳，所以将"启蛰"改成"惊蛰"。同时，也把本来放在孟春之时的"惊蛰"与"雨水"的顺序进行了置换。而"谷雨"和"清明"也是更换了顺序的。也就是说，在汉代之前，春天的六个节气的顺序是：立春—启蛰—雨水—春分—谷雨—清明，而汉景帝时改成了立春—雨水—惊蛰—春分—清明—谷雨。到唐代之后，已经没有再进行避讳的必要了，所以"启蛰"的名词又一次使用。后来，到唐开元十七年（729年）由高僧一行等人制订《大衍（yǎn）历》时，再次使用了"惊蛰"一词，并沿用至今。

　　惊蛰时期有农谚曰："春雷响，万物长。"现代诗人左河水曰："一声霹雳醒蛇虫，几阵潇潇染紫红。九九江南风送暖，融融翠野启春耕。"惊蛰时节，我国除东北、西北地区仍然是银装素裹的冬日景象外，北方大多数地区开始进入"九九"艳阳天，气温开始出现明显回升，雨水增多。黄河中游晋南地区的日平均气温为3℃—6℃，最高气温接近12℃。而地处黄河中游的中原地区气温则可以达到12℃—14℃，较雨水节气要升高3℃以上。而西南和华南地区还会达到 10℃—15℃，早已是一派融融的春光了。

惊蛰时期的雷声最引人注意。长期以来，劳动人民总结了一系列观天测象的谚语经验，如"正月里打雷，坟鼓堆，二月里打雷，麦鼓堆"。意思是说，正月如果打雷的话，容易出现大的疫情灾害，在旧社会根本没有良好的医疗条件，会造成大规模的人畜感染并死亡；二月里打雷，将预示着当年会风调雨顺，五谷丰登，粮谷成堆。如果惊蛰已过很久也不见打雷的话，就会因为严重缺水而影响当年的收成。农谚曰："雷打惊蛰谷米贱，惊蛰闻雷米如泥。"就是说，往往到了惊蛰节气就能够听到雷声了，如果降水多，就会为即将开始的春耕备播打好基础，这一年就一定会是一个丰收之年。另外，也有谚语说："惊蛰刮北风，从头另过冬"，"惊蛰吹南风，秧苗迟下种"，这些都是对劳动经验的积累。现代气象知识告诉我们，惊蛰前后之所以会偶有雷声，是因为大地湿度逐渐增高，近地表热气上升，或北上的湿热空气势力较强与活动频繁所致。

唐代韦应物有《观田家诗》曰："微雨众卉新，一雷惊蛰始。田家几日闲，耕种从此起。"因此，惊蛰在农业生产上是一个重要的节气。农谚曰："过了惊蛰地门开。"此时，黄河中游晋南地区土壤解冻消融，冬小麦进入返青生长期并开始起身，果树进入萌动期，畜禽进入繁殖季节。有农谚曰："过了惊蛰节，春耕不敢歇"，"惊蛰不耙地，好比蒸馍走了气"。广大农村以抗旱为中心的春耕备播农事活动普遍开始进行，要注意抓好奶牛、肉牛、猪、家兔补料春配和羊群春季产羔管理。在华南地区，早稻播种开始紧张进行，同时要注意做好秧田防寒工作。茶树开始萌动，应加强修剪管理，追施"催芽肥"，促进枝条发叶，提高"明前茶"的产量，所谓"明前采一筐，谷雨值一担"就是这个道理。

惊蛰时节，春雷震响，惊醒了大地上的各种虫豸。百虫从泥土、洞穴中爬了出来，势必要遍及田园、屋舍，干扰人们的生活或糟害庄稼。因此，长期以来各地均形成了许多不同的防虫除虫仪式。《千金月令》曰："惊蛰日，取石灰糁（sǎn）门限外，可绝虫蚁。"石灰本具有杀虫之功效，在惊蛰日散撒于门槛之外，可以阻挡虫蚁进入。

农历二月二，龙抬头，又被称为"春耕节""农事节""春龙节"，是中国民间传统节日。从节气上说，农历二月初，正处在雨水、惊蛰和春分节气之间，中国很多地方已开始进入雨季，因此，有传说龙从冬至时节的沉睡中醒来，是龙抬头的日子。俗话说："二月二，龙抬头，大家小户使耕牛。"此时，阳气回升，大地解冻，春耕将始，正是运粪备耕之际。"二月二，龙抬头"之说，实际上是源于过去农村水利条件差，农民非常重视春雨。为庆祝"龙头节"，各地会举行一些活动，以示敬龙祈雨，让老天保佑丰收，从愿望上来说是好的，故"龙头节"流传至今。从古代天文学方面讲，中国古代人们将黄道附近的星象划分为二十八组，表示日月星辰在天空中的位置，俗称"二十八宿"，以此作为天象观测的参照。"二十八宿"按照东、西、南、北四个方向划分为四大组，产生"四象"：东方苍龙、西方白虎、南方朱雀、北方玄武。"二十八宿"中的角、亢、氐（dī）、房、心、尾、箕七宿组成一个龙形星象，人们称它为"东方苍龙"。其中，角宿代表龙角，亢宿代表龙的咽喉，氐宿代表龙爪，心宿代表龙的心脏，尾宿和箕宿代表龙尾。《说文》中有龙"能幽能明，能细能巨，能短能长，春分而登天，秋分而潜渊"的记载，实际上说的是东方苍龙星象的变化。

古时，人们观察到苍龙星宿春天自东方夜空升起，秋天自西方落下，其出没周期和方位正与一年之中的农时周期相一致。春天农耕开始，苍龙星宿在东方夜空开始上升，露出明亮的龙首；夏天作物生长，苍龙星宿悬挂于南方夜空；秋天庄稼丰收，苍龙星宿也开始在西方坠落；冬天万物伏藏，苍龙星宿也隐藏于北方地平线以下。而每年的农历二月初二晚上，苍龙星宿开始从东方露头，角宿，代表龙角，开始从东方地平线上显现。大约四五个钟头后，亢宿，即龙的咽喉，升至地平线以上。至凌晨时分，氐宿，即龙爪也出现了。这就是"龙抬头"的过程。之后，每天的"龙抬头"日期，均约提前一点，经过一个多月的时间，整个"龙头"就"抬"起来了。后来，这天也被赋予多重含义和寄托，衍化成"龙抬头节""春龙节"。

二月二，在中国南方地区，也是土地公公的生日，称"土地诞"，为给土地公公"暖寿"，有的地方有举办"土地会"的习俗：家家凑钱为土地神祝贺生日，到土地庙烧香祭祀，敲锣鼓，放鞭炮。中国民间认为龙是吉祥之物、和风化雨的主宰，而农历"二月二龙抬头"这天是龙欲升天的吉祥日子。

在"历法之源"的黄河中游晋南地区翼城县弃里村，流传有惊蛰黑牛开犁的习俗。读者朋友可能会问，不是立春节气鞭春牛吗？怎么会有惊蛰黑牛开犁呢？这也许正是二十四节气广为流传的原因。从这里你会看到节气的源头与流变。

相传，弃里村的东北方向有一排连绵起伏的大山，就是二峰山和八宝山。太上老君曾在此炼丹修道。一天，附近的十里八乡突然出现了一种怪兽，它身披青毛，壮若大象，头生独角，眼似铜铃，蹄粗过碗。山中虎狼见之也退避三舍，人们称之为"神牛"。神牛勇猛无比，有拔山之力，见人伤人，见物害物，连狮虎猛兽也东躲西藏。没有多久，这里路断人绝，田野荒芜，人们叫苦不迭。

四方长老纷纷邀请太上老君降妖伏魔，以救苍生。老君择日便在神牛出没路段埋设刀铡，锋面向上。但等神牛飞驰而过，老君便使出法力，牛的大蹄子便被利刃一分两半，奇蹄分成两瓣，已无法奔跑。老君拿出神刀，照着独角劈下，独角立即成了双角，其勇猛不再。老君并用铁棍插入其鼻隔，拴上铁绳进行调教。没过几天，神牛便服服帖帖受人使唤了。老君看到山前山后百姓们农耕辛苦，就来到了弃里村教导百姓役使耕牛。由于老君驯化的那头神牛长着青色的绒毛，人们为了感念老君驯牛造福于民之恩德，每到惊蛰开犁，都要用纸糊的青牛皮披在牛背上，效仿老君以纪念他。久而久之，后来人嫌披纸麻烦，便用黑牛代之了。

弃里村是上古时代尧之农师、舜之后稷弃之故里，因弃与母亲姜嫄学习稼穑，又肯于钻研，不久便得到尧的赏识，受聘为农师。舜时又被任命为后稷，主政农事，是尧舜时代专门主管节气观测与农耕的官员。在黄河中游的晋南地区，"二分二至"便是一年四季春夏秋冬的标准性节气。惊蛰正处于气候学意义上的"春天"的前夕，这黑牛开犁不是当今立春节令"鞭春牛"的前身，又会是什么呢！

另外，惊蛰期间也有祭白虎以化解是非、敲梁震房驱赶虫蝎害虫等风俗。

节气与健康

惊蛰时期的养生，应根据自然物候现象、自身体质差异进行合理的调养。《素问·异法方宜论》曰："东西南北中五方，由于地域环境气候不同，居民生活习惯不同，形成不同的体质，易患不同的病症，因此治法随之而异。"阴虚体质者，表现为形体消瘦，手足心热、心烦、便干、尿黄、喜冷饮。宜加强自身涵养，培养冷静、沉着的生活习惯；选择安静的居住环境，有条件的可以选择康养环境进行修养；饮食应注意滋阴潜阳，多食清淡，少食辛辣；选择较为温和的体育项目进行锻炼，如太极拳。阳虚体质者，表现为形体白胖，面色淡白，手足欠温，小便清长，大便时稀，喜温怕寒。宜参加大众性的活动，调节情绪；起居要避寒就温，多晒太阳；选择散步、慢跑、太极拳等体育项目；饮食则以壮阳食品为主，如羊肉、狗肉、鸡肉、鹿肉等。血瘀体质者，表现为面色晦滞、口唇色暗、肌肤干燥、眼眶黑暗。宜做有益于心脏血脉的活动，如交谊舞、太极拳、保健按摩等；在精神上要注意培养乐观情绪；饮食以活血化瘀食物为主，如桃仁、黑豆、油菜等，可选择食用山楂粥、花生粥。痰湿体质者，表现为形体肥胖，肌肉松弛，嗜食肥甘，神倦身重。此类人不宜居住在阴冷潮湿的环境中；应多食用健脾利湿、化痰祛湿的食物，如白萝卜、扁豆、洋葱、紫菜、大枣、薏苡仁、红小豆等；应坚持长期锻炼，如散步、慢跑、舞蹈、球类等。

总之，惊蛰时节人体新陈代谢加快，应以加强营养、慎吃"发物"为主。但此时也是多种疾病的"生发"时期。尤其是对一些体质虚弱、慢性病、过敏体质以及皮肤病患者来说，狗肉、猪头肉、牛肉、韭菜、荠菜、香椿、朝天椒、生大蒜等还是少吃为妙，而以多食用雪梨、洋葱为好。雪梨可以化痰止咳、润肺、生津；洋葱营养丰富，具有杀菌功效，同时还可以促进血液循环、发散风寒、降血压、降血糖、提神、对抗哮喘。此时，还可以开始加强体育运动，但不宜过于强烈，以徒步健身为最佳方式。

　　惊蛰有三候：初候，桃始华；二候，仓庚鸣；三候，鹰化为鸠。惊蛰起，山桃花开始绽放。过五天，田野里可以看到不少黄色羽毛的小鸟在鸣唱。又过五天，雄鹰躲藏起来繁育后代，斑鸠正好处于求偶期，在田野中多了起来，古人误以为老鹰变成布谷鸟了。

〔惊蛰·初候·桃始华〕

　　《月令七十二候集解》曰："初候,桃始华。"《夏小正》曰:"杝（yí）桃则华。杝桃,山桃也。"《吕氏春秋》作桃李华。桃,果名,花色红,是月始开。清代袁枚《题桃树》曰:"二月春归风雨天,碧桃花下感流年。残红尚有三千树,不及初开一朵鲜。"《逸周书汇校集注·时训解》曰:"桃也者,杝桃也,即《小正》所谓梅杏杝桃则华也,此不言梅杏者,梅杏华或在前,而桃则必二月始华也。"意思是说,此时,山桃花始开放。俗话说:"人不知春草知春。"当我们的手臂、脸庞还感知不到春天的时候,一些动物和植物就能感知了。这也是我们人类要靠物候来感知气候的原因。根据竺可桢、宛敏渭所著《物候学》,开花初期应该是花序、花蕾和花朵并存的时期。因此,拍摄"桃始华",一要注意主体必须是山桃花;二要注意画面中花序、花蕾和花朵应当并存。

（拍摄于晋南临汾市翼城县翔山西麓南梁镇牛家坡村）

［惊蛰·二候·仓庚鸣］

　　《月令七十二候集解》曰："二候，仓庚鸣。庚亦作鹒，黄鹂也。《诗》所谓有鸣仓庚是也。《章龟经》曰仓清也，庚新也，感春阳清新之气而初出，故名。其名最多。《诗》曰黄鸟，齐人谓之搏黍，又谓之黄袍僧，家谓之金衣公子。其色鵹黑而黄，又名鵹黄。谚曰：黄栗雷（liú，留）黄莺莺儿，皆一种也。"先秦时期的《诗经·国风·豳（bīn）风》曰："春日载阳，有鸣仓庚。"然而，黄鹂属夏候鸟，据笔者观察：时至小满前后，黄河中下游地区才能见到。倒是此时已经有不少黄色的小鸟在枝头鸣唱。

（拍摄于晋南临汾市尧都区涝河水畔大阳镇东河堤村）

[惊蛰·三候·鹰化为鸠]

《月令七十二候集解》曰:"三候,鹰化为鸠。鹰,鸷鸟也,鹞鹯(zhān)之属;鸠即今之布谷。章龟经曰,仲春之时,林木茂盛,口啄尚柔不能捕鸟,瞪目忍饥如痴而化,故名曰鸤鸠。《王制》曰,鸠化为鹰,秋时也,此言鹰化为鸠,春时也。以生育肃杀气盛,故鸷鸟感之而变耳。孔氏曰:化者反归旧形之谓,故鹰化为鸠,鸠复化为鹰。如田鼠化为鴽,则鴽又化为田鼠。若腐草为萤鸠,为蜃爵,为蛤,皆不言化,是不再复本形者也。"鹰化为鸠,其实这是古人对周围的景物观察不够仔细造成的误解。在惊蛰前后,动物开始繁殖,鹰和鸠的繁育途径大不相同,附近的鹰开始悄悄地躲起来繁育后代,而斑鸠开始鸣叫求偶,古人没有看到鹰,而周围的斑鸠好像一下子多起来,他们就误以为鹰变成了鸠。斑鸠用喉管发出"咕咕咕"的叫声求偶,雌雄互有应答。有古人也认为此时的鸠是布谷鸟。其实,据笔者观察,布谷鸟是候鸟,在黄河中游,到谷雨节气才会到来。

(拍摄于晋南临汾市翼城县王庄乡新庄村)

春分·春光明媚 /（拍摄于晋南临汾市汾河西岸）

春分

田野香芳芬，桃花最迷人。

春分与秋分，昼夜正平分。

春分是二十四节气中的第四个节气，古时又称为"日中""日夜分""仲春之月"，每年公历3月20日或21日，太阳到达黄经0°时为春分。《淮南子·天文训》曰："（惊蛰）加十五日斗指卯中绳（正当"绳"处），故曰春分。"《明史·历一》曰："分者，黄赤相交之点，太阳行至此，乃昼夜平分。"春分时，太阳直射点正好在赤道上，位于黄经0°。此后太阳直射点继续北移，故春分也称"升分"。春分时，从理论上说，全球昼夜等长。民间有"春分秋分，昼夜平分"的谚语。春分之后，北半球各地昼渐长夜渐短，南半球各地夜渐长昼渐短。春分时，全球无极昼极夜现象。在北极点和南极点附近，则可以观测到"太阳整天在地平线上转圈"的特殊现象。春分之后，北极附近开始极昼，范围渐大；南极附近极昼结束，极夜开始，范围渐大。到春分之日，整个春天已经过去了正好一半，正当春季三个月之中，平分了春季，所以叫"春分"。

春分是反映四季变化的节气之一。中国古代惯以立春、立夏、立秋、立冬表示四季的开始，以春分、夏至、秋分、冬至表示各季的中间。而在黄河中游节气发源地的晋南地区有谚语曰："春不分不暖，夏不至不热，秋不分不凉，冬不至不冷。"这"二分二至"是最能代表四季特征的标准节气。有人说，"可耕之候"便是春天，"桃始华"就是春天。你看这晋南大地，从惊蛰到春分，到处可见农人忙碌的身影。

春分时节草长莺飞，杨柳青青，小麦拔节，油菜花香。唐李白《宫中行月词八首其二》曰："柳色黄金嫩，梨花白雪香。"除了全年皆冬的高寒山区和北纬 45° 以北的地区外，中国各地日平均气温均稳定升达 0℃ 以上，严寒已经逝去，气温回升较快，尤其是华北地区和黄淮平原，花红柳绿，春光明媚，日平均气温几乎与多雨的沿江江南地区同时升达 10℃ 以上，从而进入气象学意义上真正的春天。唐代杜甫有《绝句》诗"迟日江山丽，春风花草香。泥融飞燕子，沙暖睡鸳鸯。江碧鸟逾白，山青花欲燃。今春看又过，何日是归年"，正是对春分时节物候现象的写照。

　　"春分麦起身，一刻值千金。""春风摆柳，媳妇变丑。"此时，黄河中游的冬小麦和冬油菜等越冬作物正值生长的重要时期，气候还不算稳定，有的年份会出现"倒春寒"，广大农村进入了春管春种的农忙季节。要注意浇好拔节水，施好拔节肥，做好防御晚霜冻的准备。此时，农村的小媳妇们都顾不上打扮，投入到农业生产劳动之中去了。清代宋琬有《春日田家》"野田黄雀自为群，山叟相过话旧闻。夜半饭牛呼妇起，明朝种树是春分"，正是描写的春分时节的田园生活。由于黄河的宁夏、内蒙古段冰凌融化，河水猛涨，而此时正值黄河两岸桃花盛开时节，所以要注意防止"桃花汛"。而在南方，则要搞好排涝防渍工作。此时，早稻育秧工作已经开始，由于早春天气变化频繁，要科学安排农事，冷空气来时浸种催芽，冷空气过后抢时播种。

此时正是春笋破土而出的时期，笋农们时常会敷以米糠、喷洒清水为其保暖增湿，促笋早发。当然，这个时候的春茶是非常金贵的。古人云："养蚕天气，采茶时节"，"春光一刻值千金"。这可是一个追求效益的时段呀！

古代帝王有"春分祭日，秋分祭月"的礼制。祭日仪式原为古代的一种祭奠仪式，以表达人们对太阳的崇敬之情。早在《礼记》中便有"祭日于坛"的记载。清潘荣陛《帝京岁时纪胜》更有"春分祭日，秋分祭月，乃国之大典，士民不得擅祀"的记载，以表现日月祭祀之神圣。在民间有春分校秤、踏青、放风筝、簪（zān）花、喝酒、竖蛋、粘雀嘴等风俗。关于春分校秤，主要来自皇帝曾宣布在春分这天对一切度量工具进行检核。很多匠人也选择在此日开工，以表示自己做事公平。其实，此日校秤是出于春分时"昼夜均而寒暑平"，气温适中，昼夜温差小，校正衡器不受温度影响的原因。同时，春分校秤也提示人们公平交易，诚信做人。所以，古人又将秤叫"权衡"。它的作用不仅仅是衡量物体的重量，更是用来衡量人心的。其用意深深，可圈可点！春分，也正是结伴相邀外出踏青的好时日。唐代王勃有《仲春郊外》诗"东园垂柳径，西堰落花津。物色连三月，风光绝四邻。鸟飞村觉曙，鱼戏水知春。初晴山院里，何处染嚣尘"，正是描写了春分时节郊外的大好风光。北宋欧阳修《春分词》曰："春山处处子规啼，亦是春心扰伤时。"该诗句说的是中国人每到春分，便会有思春的情结。宋代徐铉（xuàn）有《春分日》曰："仲春初四日，春色正中分。绿野徘徊月，晴天断续云。燕飞犹个个，花落已纷纷。思妇高楼晚，歌声不可闻。"所谓春分、秋分之时"春女思，秋士悲"，即指春女感阳而思男，秋士感阴气而悲时序，其中包含了人们的一种一言难尽的生理、心理和"先天直觉"之因素。正如歌德诗曰："青年男子哪个不善钟情，妙龄女人谁个不善怀春？这是我们人性中的至圣至神。"春分时节，和风习习，也正是人们放风筝的好时候。清代高鼎有《村居》诗曰："草长莺飞二月天，拂堤杨柳醉春烟。儿童散学归来早，忙趁东风放纸鸢（yuān）。"而春分竖蛋的风俗起源于我国，流行了 4000 年，现在已经演变为一种世界性游戏。

节气与健康

春分，正好是昼夜平分之日，阴阳各半。因此，这个季节的特点是阴阳平衡。健康养生，要遵循顺应天时的原则，讲求"平和"。以和为贵，以平为期。《素问·骨空论》"调其阴阳，不足则补，有余则泻"，就是这个道理。

在精神层面，要努力做到心平气和。要保持轻松愉快、乐观向上的精神状态，避免情绪波动，大喜大悲。中医有"春宜养肝"之说，因此，我们此时养生要以养肝、护肝为主。《黄帝内经》也有"百病生于气"的说法。意思是说，许多疾病发生都与人体气的运行有关。

气虚，就是人的气不够用，动则喘。气短、乏力、少言懒语、面色苍白、食欲不振等都是气虚的表现。在起居方面，要依春分时节天气日渐温暖、昼夜温差较大、时有寒流侵袭的特点，注意添减衣服，"勿极寒，勿太热"。要注意保证充足睡眠，但也不能贪睡，否则，体内毒素不能排出，会导致体质虚弱。同时注意多晒太阳，顺应阳气的升发。在饮食方面，仲春人们易肝火旺，肾气微，饮食切忌大寒大热。所以要注意戒酸增辛，助肾补肝。同时，也要注意健运脾胃，健脾祛湿。食疗应注意食用鸡肝、鸭血和菠菜等。同时，要注意寒、热食品的搭配，如把寒性的鱼、虾和温性的葱、姜、醋等调料进行搭配，以中和鱼、虾之寒。也可以将补阳和滋阴的食物进行搭配食用，如可以将助阳的韭菜和滋阴的蛋类相搭配，实现寒热食品的中和，有利人体健康。

春分有三候：初候，元鸟至；二候，雷乃发声；三候，始电。春分到，燕子来。过五天，便能听到远处偶尔发出的沉雷在轰响。又过五天，就有可能看到闪电了。

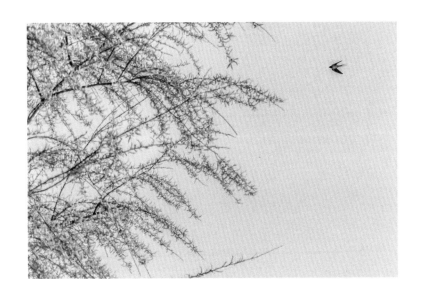

〔春分·初候·元鸟至〕

《逸周书汇校集注》曰："玄鸟，燕也。《庄子》谓之鹱鹕。是二月之候鸟。"《月令七十二候集解》曰："初候，元鸟至。元鸟，燕也。高诱曰：春分而来，秋分而去也。"春分时节，黄河中游晋南地区花红柳绿，春燕归来。春柳刚刚萌芽，呈鹅黄色，燕子穿飞其间，飞行速度很快。唐代李白有《宫中行乐词八首》诗曰："柳色黄金嫩，梨花白雪香"，"宫莺娇欲醉，檐燕语还飞"。这些诗句正是描写春分时节的情景。燕子是一种报春的候鸟，它不仅是广大农民的朋友，也是我们中华文化中的美与善的象征，是一种典型的中国符号。拍摄"元鸟至"应注意主体与春分时节环境的搭配吻合，切忌用成鸟饲雏的画面代之。

（拍摄于晋南临汾市乡宁县云丘山）

〔春分·二候·雷乃发声〕

　　《逸周书汇校集注》曰："雷也者，震气也。正月必雷，雷不必闻，至二月始得闻之。二月雷不必电，然雷为火电为焰，电则其雷之将发而先见者，故其色青而紫，有电然后有雷。盖有电而不雷者，未有雷而不电者，二月其气微不甚著，故人有见而不见也。谓之始者，因雷而使之也。"通俗地讲，雷乃发声，即雷者阳之声，阳在阴内不得出，故奋激而为雷。始电，即电者阳之光，阳气微则光不见，阳盛欲达而抑于阴。其光乃发，故开始闪电。《月令七十二候集解》曰："二候，雷乃发声。阴阳相薄为雷，至此四阳渐盛，犹有阴焉，则相薄，乃发声矣。乃者《韵会》曰，象气出之难也。《注疏》曰，发犹出也。"笔者认为：春季一般雷电天气由南而北，自远及近而来，所以最先只能闻其声而无法见其形也。在黄河中游的晋南地区，在惊蛰末春分初便可以听到雷声了。而雷的始声与收声正好发生在春分与秋分这样昼夜平分的节气当中。

　　（拍摄于晋南翼城历山西北麓泉头村）

【春分·三候·始电】

《月令七十二候集解》曰："三候，始电。电，阳光也，四阳盛长，值气泄时，而光生焉。故《历解》曰，凡声阳也，光亦阳也。《易》曰，雷电合而章。《公羊传》曰，电者，雷光是也。徐氏曰，雷阳阴电，非也，盖盛夏无雷之时，电亦有之，可见矣。"黄河中游晋南地区初雷电日，一般出现在4月1日前后。从晋南翼城县60年气象资料看，初雷电日正是出现在3月下旬到4月上中旬。

（拍摄于晋南临汾市翼城县佛爷山西麓刘张窑村）

清明 · 绵山之春 /（拍摄于晋南临汾市翼城县古晋国绵山脚下）

清 明

长空天碧蓝，大地绿满眼。

踏青走阡陌，国人祭祖先。

清明 是二十四节气中的第五个节气。每年公历 4 月 4、5 或 6 日，太阳到达黄经 15° 时为清明。《淮南子·天文训》曰："（春分）加十五日斗指乙则清明风至。"《逸周书汇校集注》曰："清明之日，三月节也。谓之清明者，天气和煦，万物鲜润明洁也。"清明取意"天清气明"，名称与此时天气、物候状况的特点有关。春秋时《国语》记载，一年有八风，"清明风"属巽（xùn），即"阳气上升，万物齐巽"。"清明风为巽，巽为绳直，故万物至此齐整清明"。冬至之后至清明节气，吹过 45 天条风和 45 天景风后，就会吹来温暖清新明净的清明风，东亚大气环流逐渐实现了从冬到春的转变。我国内地的北方气温攀升很快，降水仍然偏少，天气干燥，常会有沙尘天气出现。此时，整个北方地区平均气温已经达到 10℃—15℃。中部的江淮地区冷暖变化幅度较大，雷雨等不稳定天气现象逐渐增多。江南地区用"清明时节雨纷纷"来形容则是最恰当不过的了。在黄河中游晋南地区则气温升高，降水增多，天清气朗，四野明净，春意盎然，鸟语花香，到处呈现出勃勃生机的盛春之景象。冬小麦正处于拔节生长的关键时期。有农谚曰："清明断雪，谷雨断霜"，"植树造林，莫过清明"，"清明前后，种瓜点豆"，"桃花开，杏花落，种上玉米没有错"，"清明前后一场雨，强过秀才中了举"。这些都说明此时正是春耕生产的大好时机。然而，乍暖还寒的天气会给已经开始生长的农作物带来危害，也会影响人们的健康。所以，要注意做好农作物和大棚蔬菜的防寒保暖工作。冬小麦、油菜也要注意给予水分供应。春播作物要抢晴播种，并要及时覆盖保暖。

清明最早只是一种节气的名称，后演变成扫墓祭祀祖先的节日，并与上巳（sì）节和寒食节有关。这个节气把节气与节日联结起来，将祭奠与游玩相结合，是科学的、肃穆的、欢乐的。生者与逝者、哀伤与欢乐、阴晴与冷暖，这些人世间的悖论在清明时节得到了协调的安排。上巳节，俗称"三月三"，是黄帝的诞辰日，也有传说是女娲造人的日子，更是我国的情人节。《周礼》记载，仲春之日，男女私会不会遭到禁止，而在平时是会被严厉惩罚的。民间通常有祓禊（fú xì，河边沐浴）、祭祀宴饮、曲水流觞（shāng）等习俗。唐代杜甫有《丽人行》诗曰："三月三日天气新，长安水边多丽人。"而寒食节传说是为纪念晋国的忠义之臣介子推而设立的。

史料记载，春秋时，晋献公有 8 个儿子，其中以太子申生及其弟弟重（chóng）耳最为贤能。妃子骊姬为了让自己的儿子奚齐继位，就设计去谋害太子申生，申生被逼自杀。重耳为躲避祸害流亡出走。史称"骊姬之乱"。流亡期间，重耳受尽了屈辱。原来跟随他一道出逃的臣子，大多陆陆续续各奔出路离他而去，只剩下少数几个忠心之人，其中就有介子推。

重耳逃到卫国，卫国不敢收留他，于是他逃往齐国。途中无食可用，他只能吃一些野菜充饥。可重耳毕竟是公子呀，哪能咽下这些野菜。不几日便重病缠身，奄奄一息。介子推忠心耿耿，便割下自己大腿上的一块肉，煮成汤给重耳喝，还说是麻雀汤。重耳喝完后连称味道好，也很快康愈。后来在赶路时，重耳发现介子推腿在流血，追问后方知真相，重耳大为感动，铭记于心。重耳复国后称晋文公，大肆封赏一直跟随他的人。但是介子推反对这样厚重的封赏，认为这样势必会削弱君主的势力。于是他率先垂范，做出表率，拒绝了封赏，带着自己的母亲隐居绵山。晋文公亲自带着大臣前往绵山迎接介子推出山，介子推不从。有人提议可三面烧山，逼介子推出来，却没想到把介子推母子活活烧死。晋文公悔恨不已，十分心痛，火烧绵山之后的第二年，晋文公带领群臣到绵山祭奠介子推。行至坟前，发现介子推母子遇难处的大柳树死而复生，绿枝千条，迎风飘舞。他走到树前，掐下一些柳枝，编了一个头圈戴在头上，表示对忠臣的深切思念。祭扫后，晋文公把复活的老柳树赐名为"清明柳"，规定介子推被烧死的这天禁火，也不允许人们吃热的食物，"寒食节"便由此而来。寒食节是冬至后第 105 天，清明节是寒食节后的第二天，因两个节日时间相近，经过漫长时间的演变，二者逐渐融合成了一个节日。从此，清明戴柳的风俗也流传下来。

清明节正处在仲春与暮春之交，天气日渐温暖，韦应物有诗曰：

"清明寒食好，春园百卉开。"此时，人们纷纷外出游玩，所以又叫"踏青节"。朝廷鉴于民间寒食、清明并举，相沿成习，便固定为国家的一个节日，已有1200多年的历史。此外，清明还有蹴鞠（cù jū）、秋千、斗鸡、马球、插柳戴柳、饮桃花酒、植树、吃馓子等一系列民俗活动。

节气与健康

清明节气正值春分之后，天气回暖加快，到处生机勃勃。中医认为，久卧伤气。此时，要注意早睡早起。同时，人们开始亲近自然，远足踏青游玩，可以说是顺应天时，特别有助于吸纳大自然的纯阳之气，驱散积郁已久的寒气和抑郁的心情。生活习俗和节气特点十分符合，有利于健康养生。但是，忽冷忽热的天气状况提醒我们要注意防风保暖，多饮开水，以避免肝火旺盛、口干舌燥的情况出现。而此时，春暖花开，各种植物花粉随风飘扬，特别容易诱发过敏性疾病，造成人的皮肤瘙痒、红肿等过敏性反应。此时也是白喉、猩红热、水痘、流行性脑炎等病症多发的季节，蚊虫也开始叮咬，要注意防过敏、防流感、防蚊虫。另外，清明节祭奠故去的亲人，老年人和体弱多病人群要注意心理保健，稳定情绪，防止意外发生。

清明时节，春暖花开，各种野菜也娇嫩欲滴，备受大家喜爱。在北方，人们喜食白蒿，以利于肝。晋南农村有"三月三，吃白蒿"之说。白蒿有清热利湿、凉血止血的功效，久服益气耐老、面白长年，还可治疗风湿寒热邪气、热结黄疸等疾病，对通身发黄、小便不利、降低头热、去伏瘕（jiǎ）、通关节、去滞热、祛伤寒等具有一定的疗效。在南方，人们常食青团以祛风湿，就是将新鲜的鼠曲草捣烂或榨汁，与米粉拌匀，制成团子，蒸熟食用。鼠曲草生于山坡、路旁，性平，味甘，具有祛痰、止咳、平喘、祛风湿的功效。此外，吃清明螺可泄热明目、解暑止渴、利水消肿、解毒醒酒。

清明有三候：初候，桐始华；二候，田鼠化为鴽（rú）；三候，虹始见。清明到，泡桐花开放。过五天，田野中麦苗拔节，田鼠尽掩其中，鹌鹑多了起来，古人以为鹌鹑是由田鼠变来。又过五天，彩虹开始出现。

〔清明·初候·桐始华〕

　　《逸周书汇校集注》曰："桐始华者，即《小正》所谓拂桐芭也。桐有白桐、青桐、油桐，今始华者白桐也。"白桐（学名：Paulownia kawakamii），是玄参科泡桐属的植物。该属共7种，分布于中国大部分地区。意思是说，此时，黄河中游晋南地区桐树开始开花。笔者认为，拍摄"桐始华"应参照"惊蛰·初候·桃始华"条。

（拍摄于晋南临汾市翼城县封壁村）

〔清明 · 二候 · 田鼠化为鴽〕

　　《逸周书汇校集注》曰:"田鼠者,鼷(xiàn)鼠也。鼷鼠也者,嗛(qiàn)鼠也,非食禾之田鼠也。食禾之田鼠为硕鼠,化为鴽之田鼠为鼢(fén)鼠,同名异实也。"《小正传》曰:"鴽,鹌也。"古人认为:鹌鹑属阳,鼠属阴。阳气盛则鼠化为鴽,阴气盛则鴽复化为鼠。实际情况是,清明时节,黄河中游晋南地区冬小麦已经拔节,田野中的鼠类被隐藏了起来,而色彩与鼠类相似的鹌鹑类小鸟多了起来,所以古人便以为田鼠变成鹌鹑了。

　　(拍摄于晋南翼城县绵山东麓辛史村)

[清明·三候·虹始见（xiàn）]

　　《逸周书汇校集注》曰："虹也者，阴阳交媾（gòu）之象，其物青红二气相抱，一谓之螮蝀（dì dōng），或曰雄者谓之虹，雌者谓之蜺，其实一物。盖雄胜雌则阳盛而鲜明，雌胜雄则阴盛而微暗矣。"《小正传》曰："'见'，古同'现，出现，显露'。古人认为：虹，阴阳交会之气，纯阴纯阳则无，若云薄漏日，日穿云影，则虹见。"此时，黄河中游晋南地区的降水多了起来，开始有形成彩虹的气象条件了。特别是一些丰水的山区，只要角度合适，便有可能看到彩虹出现。

（拍摄于晋南舜王故里永济市虞乡镇五老峰灵峰观）

谷雨·春雨淅淅 / （拍摄于晋南临汾市翼城县九龙公园）

谷雨

雨声响沙沙，清流戏水鸭。

待到天晴日，都把农田下。

谷雨是二十四节气中的第六个节气，也是春季的最后一个节气。每年公历的 4 月 19、20 或 21 日，太阳到达黄经30° 时为谷雨。《淮南子·天文训》曰："（清明）加十五日斗指辰则谷雨。"《逸周书汇校集注》曰："谓之谷雨者，言雨以生百谷也。今以清明前得雨谓之桃花雨，以清明后十日得雨谓之唧（xián）花雨，盖有雨则岁丰，无雨则岁欠，故谓之谷雨也。"《群芳谱》曰："谷雨，谷得雨而生也。"因此，古人之所以将这个节气定名为"谷雨"，是取"雨生百谷"之意。此时，柳絮飞落，杜鹃啼鸣，牡丹吐蕊，樱桃红熟，鸟弄桐花，雨翻浮萍，真可谓"湖光迷翡翠，草色醉蜻蜓"。残花即将落尽，春天将告别我们而去。宋代杨万里有《三月二十七日送春绝句》诗曰："只余三日便清和，尽放春归莫恨他。落尽千花飞尽絮，留春肯住欲如何。"在这个季节，有一个很重要的物候现象，就是布谷鸟在鸣唱。它"布谷布谷，布布布谷"的叫声，听来好像是"布谷布谷，老婆拔谷"。人们认为布谷鸟是在催促人们播种并管理谷物，促农生产。

"清明断雪，谷雨断霜。"谷雨时节的到来意味着寒潮天气基本结束。此时，黄河中游气温回升明显，春雨也开始多了起来，雨水滋润大地，五谷得以生长。《礼记·月令》曰："句者毕出，萌者尽达。"就是说，弯曲的植物嫩芽已经出土，娇艳的嫩叶刚刚长成。冬小麦正处于拔节孕穗期，冬油菜进入灌浆期，春播作物正处于播种移苗、埯

（ǎn）瓜点豆的最佳时期。诸如谷子、棉花、玉米、花生、豆类等也正处于播种、出苗的关键期，正需要雨水，农作物处于春季管理的大忙季节。在江南，秧苗初插，作物新种，也最需要雨水的滋润。所以，农谚有"春雨贵如油"的说法。农民长期以来总结农业生产经验，产生了很多关于谷雨的谚语，如"谷雨前，好种棉"，"谷雨不种花，心里像猫抓"，"谷雨前早种棉，谷雨后就种豆"，反映了谷雨时节的降水对农业生产的重要影响。

谷雨时节，桑叶娇嫩欲滴，是蚕儿的上佳饲料。农耕时期，几乎家家户户都要栽桑养蚕，以供人们穿戴丝织品。因此，谷雨所在的月份也被人们称为"蚕月"。此外，一些地方还有谷雨赏牡丹的民俗。谷雨前后正值黄河中游牡丹花开放的重要时段，因此，牡丹花被称作"谷雨花"，也称"富贵花"。"谷雨三朝看牡丹"已有千年历史。凡有花之处，皆有士女游观，也有夜间游玩，打灯观赏的，名曰"花会"。清代顾禄所著《清嘉录》中云："神祠别馆筑商人，谷雨看花局一新。不信相逢无国色，锦棚只护玉楼春。"现在，黄河中游的山东菏泽、河南洛阳和四川彭州的牡丹花会仍有名气，每年都会引来万众观赏。由于谷雨时节气温已经升高，各种虫害也进入了繁殖盛期，在民间则有张贴谷雨帖而避五毒的风俗。许多地方，像在晋南临汾一带，就有画张天师符禁蝎的习俗，反映了人们渴望驱除害虫、平安生活的心情。谷雨前后正是露地香椿上市的时节，露地香椿香气浓郁，清爽利口，营养丰富，十分受大众喜欢。有谚语曰："雨前香椿嫩如丝。"香椿是一种很好的时令野蔬，广受欢迎。在南方，人们还有喝谷雨茶的习俗。传说，谷雨这天喝了谷雨茶可以清火、明目、辟邪等。

节气与健康

谷雨节气养生应以养阳为主。此时，太阳升起已经越来越早，要调整好生物钟，坚持早睡早起，进行晨练。运动要以提高身体的新陈代谢为目的，增加排汗以达到"除湿"效果。但一定要注意张弛有度，避免参加带有竞赛性的运动，以免阳气外泄。药膳以益肝补肾为主。此时，肝脏气伏，心气渐升，脾气旺盛，是身体补益的好时机。应适时进食补气血的食物，但不能像冬季一样进行大补，为安然度夏打好基础。可以食用一些滋阴的寒凉性食物，蔬菜如西红柿、黄瓜、苦瓜、蕨菜、马齿苋、芹菜等，水果如西瓜、香蕉、甘蔗、桑葚等。忌冷饮，以免引起脾胃虚寒或肠胃炎症。香椿正是上市时节，醇香可口，营养价值高，且有健胃、理气、止泻、润肤等功效，宜食用。谷雨已近夏日，天气变化开始多起来了，老年人，尤其是体弱者要注意根据天气状况减添衣物，调理好身体，以做好平安度夏的准备。

谷雨有三候：初候，萍始生。是说谷雨后降雨量增多，浮萍开始生长。二候，鸣鸠拂其羽。意思是接着布谷鸟便要开始提醒人们播种了。三候，戴胜降于桑。意思是桑树上能够开始见到戴胜鸟了。

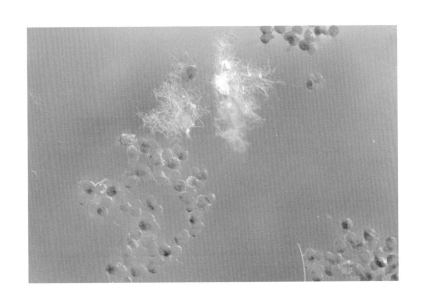

［谷雨·初候·萍始生］

《月令七十二候集解》曰："初候，萍始生。萍，水草也，与水相平故曰萍，漂流随风，故又曰漂。《历解》曰，萍，阳物，静以承阳也。"《逸周书汇校集注》曰："萍，柳絮入水所化者，其大者曰苹。"有诗曰："杨花柳絮随风舞，雨生百谷夏将至。"反映了谷雨时节的物候现象。尽管现代人们早已清楚浮萍并不是由柳絮所变而来，这是古人的误解，但诗句真实反映了人类探索自然的过程。笔者拍摄时注意将飞入水萍旁的柳絮拍入画面，试图体现古人的思想，同时也照顾到了谷雨时节整体的物候现象。

（拍摄于晋南翼城县翔山脚下浍河段）

〔谷雨·二候·鸣鸠拂其羽〕

　　《月令七十二候集解》曰："二候，鸣鸠拂其羽。鸠，即鹰所化者布谷也。拂，过击也。《本草》云，拂羽飞而翼拍其身，气使然也。盖当三月之时趋农急矣，鸠乃追逐而鸣鼓羽直刺上飞，故俗称布谷。"《逸周书汇校集注》曰："鸣鸠，似山雀而小，青黑色，短尾多声，飞而翼拍身，象兵卫身也。《吕氏·季春纪》注谓鸣鸠是斑鸠，误。鸣鸠春来冬去，而斑鸠则四时有之者也。"意思是说，此时，黄河中游晋南地区便能听到布谷鸟悦耳动听的叫声，见到它美丽的身姿了。明代刘伯温有诗曰："鸣鸠语芜声相应，又是人间一度春。"由于谷雨时节降水开始多了起来，布谷鸟的翅膀防水性较差，雨后有拂羽的习惯，所以有"鸣鸠拂其羽"之说。

　　（拍摄于晋南临汾市汾河西岸）

［谷雨·三候·戴胜降于桑］

　　《月令七十二候集解》曰："三候，戴胜降于桑。戴胜，一名戴𬸚
（rén）。《尔雅》注曰，头上有胜毛，此时恒在于桑，盖蚕将生之候
矣。言降者，重之若天而下亦，气使之然也。"《逸周书汇校集注》曰：
"蚕事之候鸟也，鸟似山雀而尾短，色青，毛冠俱有文饰，若戴花胜，
故谓之戴胜。""布谷催耕以兴男事，戴胜催织以兴女功，非一鸟也。
戴胜头戴花胜，黼黻（fǔ fú）太平之象，降于桑以兴蚕也，国家无事
政教和平，妇人得以务其织纴。"此时，黄河中游晋南地区桑树叶片
已经长大，树上挂上了桑葚，有的已经呈现出红色，开始成熟。人们
常常能够看到戴胜鸟啄食桑葚的情景。拍摄"戴胜降于桑"要注意戴
胜鸟要与桑树或桑枝相匹配，而不能用戴胜喂雏代之，因为喂雏之时
已经过了这个节令。

（拍摄于晋南翼城县河上公德山西南麓王庄村）

夏　季

- 立夏 / *Beginning of Summer*

- 小满 / *Lesser Fullness of Grain*

- 芒种 / *Grain in Beard*

- 夏至 / *Summer Solstice*

- 小暑 / *Lesser Heat*

- 大暑 / *Greater Heat*

立夏·尧都初夏 /（拍摄于晋南临汾市尧都区卧虎山下县底镇南乔村海云寺）

立夏

莲藕水田插，小麦正扬花。

下地抽蒜薹，野外唱青蛙。

立夏

立夏是二十四节气中的第七个节气，夏季的第一个节气。每年公历 5 月 5 日或 5 月 6 日，太阳到达黄经 45° 时为立夏。《淮南子·天文训》曰："（谷雨）加十五日斗指常羊之维则春分尽，故曰有四十六日而立夏。"此节气我国自战国末年（前 239 年）便已确立，作为天文学意义上夏季的开始。然而，从气候学意义上讲，只有平均温度连续 5 天高于 22℃时才算真正进入夏天。

立夏正处于春、夏季的交接点上，从全国范围来看，春与夏此时是"划江而治"的格局。黄河中下游地区"虽然立了夏，依旧春当家"。万紫千红百花争艳的春季还未结束，炎热的夏天也还未来临，许多地方的槐花正在盛开，万物繁茂。《月令七十二候集解》曰："立夏，四月节。立字解见春。夏，假也，物至此时皆假大也。"这里的"假"，即"大"的意思，是说春天播种的植物已经直立长大了。如果说，春是生的季节，那夏便是长的季节了。《方言》解释更为透彻："自关而西，秦晋之间，凡物之壮大者而爱伟之，谓之夏。"明学者高濂有《遵生八笺》曰："孟夏之日，天地始交，万物并秀。"宋代杨万里有《小池》诗曰："泉眼无声惜细流，树阴照水爱晴柔。小荷才露尖尖角，早有蜻蜓立上头。"这些诗反映了此时的物候现象。"小荷"即初出水之荷叶，并非荷花。

此时，气温回升很快，炎暑即将来临，雷雨开始发生，但降水仍然不多，加上春季多风，蒸发强烈，大气干燥和土壤干旱常严重影响进入旺盛生长期的农作物正常生长。尤其是冬小麦正处于扬花灌浆期，此时期的干热风更是导致夏粮减产的重要灾害性天气，适时灌水是抗旱防灾的关键措施。此时还要加强田间除草作业，农谚"立夏三天遍地锄"，"一天不锄草，三天锄不了"，就是这个意思。然而，此时江南地区开始进入雨季，会对农作物造成湿害，还会引起多种病害的流行。小麦最易感染赤霉病，棉花则会得灰疽病、立枯病。应注意采取增温降湿措施加强防治，以保全苗壮苗。由于立夏时节气温并不算太高，栽种秧苗后要及早进行管理，早追肥、早中耕、早防病，促苗早发。南宋翁卷有《乡村四月》曰："绿遍山原白满川，子规声里雨如烟。乡村四月闲人少，才了蚕桑又插田。"中稻播种应抓紧收尾。要突击抓紧采制茶叶，以防老化。"谷雨很少摘，立夏摘不辍。"夏天，是一个繁忙的季节。"一年之计在于春，一日之计在于晨，夏时之计贵如金"，就是这个道理。

节气与健康

心交于夏，盛于热，旺于暑。因此，立夏养生要以养"心"为主。炎炎夏日，心烦气躁，人们最容易出现头痛、失眠、烦躁、坐卧不宁等症状。专家认为，这与心脏的承受度有关。因此，应注意生活要有规律，要晚睡早起加午休，以保持足够的睡眠时间，特别是在正午1—3时气温最高的时段，要加强午休。夏季也是各种传染病多发的季节，细菌性痢疾是常见的传染病。在注意生活卫生，不吃不干净的食物的同时，对疾病要注意早发现、早治疗。饮食以清淡为主。人们一般有"红补血、苦养心、喝粥喝水防打盹儿"的生活经验。红补血，就是多吃红色果品可以补血。苦养心，就是多吃苦味果菜可以养心，诸如苦瓜、苦菜、荷叶、蒲公英或苦丁茶、银杏茶等苦味茶品。人们常说"春困秋乏夏打盹儿"，这种打盹儿就是形容立夏后，人们嗜睡成瘾、食欲不振的情况。中医认为，这主要是暑湿脾弱所致。而健脾的方法是多喝山药粥、薏米粥、莲子粥等，以清热祛暑、养胃清肠、生津止渴。也可以适当服用一些藿香正气水等。同时，精神养护也非常重要，特别是老年人。进入夏季要注意保持心静神宁，心志安闲，切忌大喜大悲，戒躁戒怒，以防因情绪波动出现血压升高、心律失常等症状。

立夏有三候：初候，蝼蝈鸣；二候，蚯蚓出；三候，王瓜生。自立夏开始，便能听到蝼蝈的叫声。过五天，蚯蚓遇雨就会从地下爬出。又过五天，王瓜就生长茂盛起来了。宋代陆游《立夏》诗"赤帜插城扉，东君整驾归。泥新巢燕闹，花尽蜜蜂稀。槐柳阴初密，帘栊暑尚微。日斜汤沐罢，熟练试单衣"，正是反映了立夏时节的物候现象。

〔立夏·初候·蝼蝈鸣〕

　　《月令七十二候集解》："初候，蝼蝈鸣。蝼蝈，小虫，生穴土中，好夜出。今人谓之土狗是也。一名蝼蛄，一名石鼠，一名螜（hú）。各地方言之不同也。《淮南子》曰蝼蝈鸣，邱蚓出，阴气始。而二物应之。《夏小正》三月螜则鸣是也。且有五能不能成一技，飞不能过屋，缘不能穷木，泅不能渡谷，穴不能覆身，走不能先人，故《说文》称鼫（shí）为五技之鼠。《古今》注又以蝼名鼫鼠，可知《埤雅》《本草》俱以为臭虫，陆德明、郑康成以为蛙，皆非也。"意思是说，此时，田野中的蝼蝈开始鸣叫了。蝼蝈，通称蝼蛄，俗名拉拉蛄、土狗，全世界已知品种约50种，属直翅目蝼蛄科，是一种常见的农业害虫，以噬（shì）食植物根和嫩茎叶为食。

（拍摄于晋南临汾市尧都区尧贤街）

〔立夏·二候·蚯蚓出〕

《月令七十二候集解》曰："二候，蚯蚓出。蚯蚓即地龙也，一名曲蟮。《历解》曰，阴而屈者，乘阳而伸，见也。"立夏时节，气温升高，降水增多。蚯蚓属喜阴、喜温、喜湿夜行性动物，每每遇雨，天色变暗，就会从地下爬出来活动。

（拍摄于晋南临汾市翼城县城西）

〔立夏·三候·王瓜生〕

《月令七十二候集解》曰："三候，王瓜生。《图经》云，王瓜处处有之，生平野田宅及墙垣，叶似栝（guā）楼乌药，圆无丫，缺有毛，如刺蔓，生五月，开黄花，花下结子，如弹丸，生青熟赤，根似葛，细而多糁（shēn），又名土瓜，一名落鸦（yā）瓜，今药中所用也。"《夏小正》曰："王萯（fù）莠。"《逸周书汇校集注》曰："王萯、王瓜一物也，盖以草言之则其时已秀。"《夏小正经传集解》曰："王萯莠（莠，秀借字）。"

小满·翔山夏种 /（拍摄于晋南临汾市翼城县翔山北麓）

小满

小麦浆未满，石榴花正艳。

蚕茧忙采摘，农家已磨镰。

小满 是二十四节气中的第八个节气，夏季的第二个节气。每年公历 5 月 20 日到 22 日之间视太阳到达黄经 60°时为小满。《淮南子·天文训》曰："（立夏）加十五日斗指巳（si）则小满。"《月令七十二候集解》曰："小满，四月中。小满者，物至于此小得盈满。"其含义是冬小麦等夏熟作物的籽粒开始灌浆，但还未成熟，只是小满，还未大满。如果说立夏节气是进入夏季的标志，那么小满节气就是逐渐接近炎炎夏日的开始。此时，不仅天气炎热，而且雨水也开始增多，预示着潮湿、闷热的天气即将到来。宋代欧阳修有《小满》诗"夜莺啼绿柳，皓月醒长空。最爱垄头麦，迎风笑落红"，正是描写了小满时节的物候现象。

从小满节气开始，中国大陆各地由南向北渐次进入夏季，南北温差进一步缩小，降水进一步增多。在北方的冬小麦产区，要抓紧进行小麦夏管。对麦田虫害要进行科学防治，预防干热风的侵袭和突如其来的雷雨大风和冰雹袭击。农谚"小满不满，麦有一险"，说的就是黄河中游晋南地区的冬小麦此时正进入灌浆乳熟期，特别容易受到干热风的侵袭。干热风是通过干燥和高温来使小麦叶片向籽粒输送养分变慢而呼吸损耗加强，造成小麦籽粒出现干瘪，严重影响产量的一种灾害性天气。要注意加强以麦田灌溉和喷施叶肥等为主要内容的田间管理。同时，大秋作物也进入夏种和夏管的大忙时段。而在南方则有"小满小满，干断田坎""小满小满，芒种不管"的说法，把"满"

字形容为雨水的盈缺，也就是说到小满的时候，如果水田里还没有蓄满水的话，就可能造成田坎干裂，甚至到下一个节令芒种之时，也无法栽插水稻。同时，小满时节在南方可以说和风细雨少了，疾风骤雨多了。由于受北方冷气团与南方暖湿气团交锋的影响，经常会形成降水天气，华南一带容易出现暴雨或特大暴雨。农谚有"小满大满江河满"的说法，也因此开始进入加强防汛管理的重要时段。在长江中下游地区，有"小满不下，黄梅偏少""小满无雨，芒种无水"的说法。用特殊时段的天气状况来预测下一阶段的气候情况，这在气象学上有一定的科学性。小满时节，已经进入农耕大忙，农谚曰："小满动三车，忙得不知他。"三车就是指水车、油车和丝车。此时，农作物生长进入大量需水期，过去农民要使用水车去翻水灌田，收割下来的油菜也要进行舂（chōng）打，用油车压制菜籽油。蚕宝宝也要开始结茧，食量大增，采摘桑叶十分紧迫，而随后便要用缫（sāo）丝车进行缫丝。《清嘉录》曰："小满乍来，蚕妇煮茧，治车缫丝，昼夜操作。"古时，管理蚕桑生产是一项季节性很强的农活，一刻也不容耽误。宋翁卷《乡村四月》"绿遍山原白满川，子规声里雨如烟。乡村四月闲人少，才了蚕桑又插田"，正是反映了我国南方小满时节农人繁忙的景象。

小满当天，在中原地区流行赶集的传统。此时，冬小麦马上就要开镰收割，人们准备夏收的农具已经到了最后的时刻，诸如镰刀、麻绳、木杈、木锨（xiān）等一定要置办齐全。"小满会"其实就是一个准备夏收用品的大卖场。当然，也会有一些当地的美食小吃摊和戏剧表演，供人们歇息消遣，夏收大忙即刻就要登场了。现在，我国农村已经基本实现农业机械化，这种古老的传统却一直保留下来，成为一种节气风俗。

小满前后，我国南方许多农村都有祈蚕节，历史悠久。长期以来，我国农耕文化都是以"男耕女织"为典型生产生活方式。女织的原料北方以棉花为主，南方则以蚕丝为主。而蚕丝需要靠养蚕结茧抽丝而得。故而，我国南方农村养蚕极为兴盛，尤其是江浙一带。蚕是较为娇养的"宠物"，很难养活。气温、湿度，以及桑叶的冷熟、干湿等均影响蚕的生存。尤其是家蚕受人长期娇惯，抵御病虫害能力极弱。因此，古代把蚕视作"天物"。为了祈求"天物"的宽恕，以及养蚕有好的蚕茧收获，蚕农们在四月放蚕时节会举行祈蚕节。祈蚕节没有固定的日期，一般各家在哪一天"放蚕"便定在哪一天，但前后相差不过二三天。南方多有"蚕娘庙""蚕神庙"，如浙江的"蚕娘庙"就非常兴盛。这一天，养蚕人家均到"蚕娘庙""蚕神庙"跪拜，供上酒水、桑葚、蚕圆子、凉炒面等，以祈愿丰收。

桑葚不仅是祈蚕节的供物，也是这天的吃食。桑葚是长在桑叶间的果子，色呈紫红，椭圆形，上小下略大，表面由小颗粒组成，略近似杨梅。食用时只需将桑葚用水洗净便可。其味道甜美，肉厚汁多，非常好吃，深受大众喜爱。只要进入四月，桑葚便红熟在枝头。宋代欧阳修《再至汝阴》曰："黄栗留鸣桑葚美，紫樱桃熟麦风凉。"此时，正到养蚕的好时机，桑叶茂盛，桑葚垂熟，大自然就是如此地默契配合，赐福于人类。

另外，小满时节还有纪念吕洞宾的"吕祖神诞"，以及纪念黄帝、扁鹊、华佗、李时珍、孙思邈（miǎo）等被奉为"药王"的"药王庙会"等。

节气与健康

小满时节，气温继续升高，健康养生应以健脾化湿为主。未病先防，此时应忌贪凉卧睡。自然界的生物受气候变化影响很大。大自然如此，人也一样。人体的生理活动在此时段也处于旺盛时期，消耗的营养物质在二十四节气中也开始进入最高时段。此时，因为雨水充沛，较大的空气湿度和高温容易影响人体的舒适感。受湿、热影响，宜及时进行营养补充，且以清爽清淡的素食为主，增加蔬菜和水果的摄入，以冬瓜、黄瓜、黄花菜、水芹、木耳、荸荠（bíqí）、山药、西红柿、西瓜、梨和香蕉等为主，豆类、菌类和坚果等也是很好的选择。不宜食用牛、羊、狗、鹅肉等多动物脂肪、甘肥滋腻的食物，也不宜食用生湿助辣的食物，如生葱、生姜、芥末、胡椒、辣椒、生蒜、茴香、桂皮、韭菜等和海鱼、虾、蟹等各种海鲜发物。同时，下雨后气温会急剧下降，人们很容易着凉感冒，要注意添加衣物。锻炼身体应顺应大自然阳消阴长的规律，早起晚睡，在清晨锻炼，以散步、慢跑和太极等项目为宜，以刚出汗为度，不宜做剧烈运动。

小满有三候：初候，苦菜秀；二候，靡草死；三候，麦秋至。到了小满，苦菜茂盛起来。过五天，靡草死。又过五天，小麦进入成熟期。

〔小满·初候·苦菜秀〕

　　《月令七十二候集解》曰："初候，苦菜秀。"《通卦验》曰："苦菜叶似苦苣而细，断之有白汁，花黄似菊，堪食但苦耳。"《广雅》曰："秀，出也。"有谚语曰："春风吹，苦菜长，荒滩野地是粮仓。"苦菜是一种常见的野菜，也是我国劳动人民最早食用的野菜之一。在饥荒年景，曾被人们称为"救命草"。认识苦菜，一定要注意与"苦荬（mǎi）菜"的区别。苦菜，味苦，兔子不食用。通过凉水浸泡、焯等工序，可以凉拌或制作成发酵类酸菜食用。而苦荬菜是兔子喜欢吃的一种野草。

（拍摄于晋南翼城县中卫乡午子官庄村南沟）

[小满·二候·靡草死]

　　《月令七十二候集解》曰："二候，靡草死。"《逸周书汇校集注》曰："靡草，荠（jì）、葶苈（tíng lì）之属。荠也者，菜之甘者也，以冬美，以夏死。葶苈者，蕈（diǎn）也，亦谓之丁苈，亦谓之狗荠，三月开花结籽，至夏则枯死。案：二物皆草之靡细者，故曰靡草。"靡草有三种：荠、北葶苈和南葶苈。荠，即"麦捻芥"；北葶苈，又称"播娘蒿"（麦蒿）；南葶苈，又称"独行菜"。它们都属十字花科草本植物，是几种常见的田间杂草。在黄河中游晋南地区，这三种靡草每到小满时节都会开始陆续死去，完成生命周期。由于它们大多生长在麦田、地边，长期的自然生存适应，使它们必须在冬小麦收获之前完成生长期，以撒播种子，保证其物种生存。拍摄"靡草死"，关键是要认识这三种靡草。

（拍摄于晋南临汾市翼城县浍河滩涂）

〔小满·三候·麦秋至〕

　　《月令七十二候集解》曰："三候，麦秋至。秋者百谷成熟之期，此于时虽夏，于麦则秋，故云麦秋也。""麦秋至"原来是"小暑至"，后来《金史志》改成"麦秋至"。《月令》曰："麦秋至，在四月；小暑至，在五月。小满为四月之中气，故易之。"意思是说，此时已是冬小麦生长的"秋天"了。秋天则是收获的季节，黄河中游晋南地区的冬小麦此时已经进入灌浆成熟期，但还没有进入完全成熟阶段，只是在等待收获了。拍摄"麦秋至"不能以收割小麦的作品代之。

（拍摄于晋南临汾市尧都区涝河水畔大阳镇东河堤村）

芒种·历山脚下夏收忙 /（拍摄于晋南历山南麓运城市垣曲县英言乡）

芒种

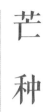

杏子树上黄，麦子割回场。

忙收又忙种，只怨黑夜长。

芒种 是二十四节气中的第九个节气，夏季的第三个节气。每年公历 6 月 6 日或 7 日前后，太阳到达黄经 75°的位置时为芒种。《淮南子·天文训》曰："（小满）加十五日斗指丙则芒种。"《月令七十二候集解》曰："芒种，五月节。谓有芒之种谷可稼种矣。"芒种的"芒"字，是指麦类等有芒的作物开始收获；芒种的"种"，是指北方谷、黍、稷类作物开始播种，还有南方有芒的水稻也要赶快插秧了。种曰稼，敛曰穑。芒种真是亦稼亦穑的大忙季节。然而，在华北地区有农谚曰："四月芒种麦在前，五月芒种麦在后。"这种情况是由于阴历计年的算法造成的。因为按照阴历的计算，每年只有 344—345 天，这要比地球实际绕太阳一周的时间少，因此，农历必须用闰月的办法来与阳历每年的天数补齐。闰月时，节气会出现提前或推后的情况。所以，节气提前，庄稼就要种得早一些，即种在芒种前。而 5 月芒种时，就要把庄稼种到节气之后。芒种时节可以说已经进入典型的夏季，天气开始炎热起来，同时也是一个农事忙碌的节气。有农谚"春争日，夏争时"，"蚕老一时，麦熟一晌"，就是这个道理。所以，人们通常也把"芒种"称为"忙种"。但是，年轻的学子一定要注意，节令的"芒种"一定不能写成"忙种"。

农业生产的播种讲究"适时播种"，就是说要把庄稼在最能实现高产的时段种下。对我国大多数地区而言，芒种时节是一年中最为繁忙的节令。宋虞似良有《横溪堂春晓》诗曰："一把青秧趁手青，轻烟漠漠雨冥冥。东风染尽三千顷，白鹭飞来无处停。"此时，夏熟作物要收获，夏播作物要播种，而春种的庄稼要管理，收、种、管交叉起来，真是到了最为紧张的季节。在华北地区，"收麦种豆不让晌"，"芒种芒种，样样都忙"。在晋南黄河中游地区，明显进入了冬小麦收割，夏玉米、豆类等作物夏季复播，畜禽养殖管理，蜂群转场等重要时段。在这个时期，风、雹、连阴雨及干旱等灾害性天气增多，往往使小麦不能及时收割、脱粒和贮藏，而导致麦株倒伏、落粒、穗上发芽霉变及"烂麦场"等，使眼看到手的庄稼毁于一旦。芒种时节有谚语曰："麦黄农忙，绣女出房。"唐代白居易的诗作《观刈（yì）麦》也刻画了此时的大忙情景和农家的辛苦："田家少闲月，五月人倍忙。夜来南风起，小麦覆陇黄。妇姑荷箪（dān）食，童稚携壶浆。相随饷（xiǎng）田去，丁壮在南冈。足蒸暑土气，背灼炎天光，力尽不知热，但惜夏日长。复有贫妇人，抱子在其旁。右手秉遗穗，左臂悬敝筐。听其相顾言，闻者为悲伤。家田输税尽，拾此充饥肠。今我何功德，曾不事农桑。吏禄三百石，岁晏（yàn）有余粮。念此私自愧，尽日不能忘。"而长江流域则也处于"栽秧割麦两头忙"的时期：江西是"芒种前三日秧不得，芒种后三日秧不出"，贵州是"芒种不种，再种无用"，福建是"芒种边，好种籼（xiān）；芒种过，好种糯（nuò）"，江苏则是"芒种插的是个宝，夏至插的是根草"。再加上江南至江淮、长江中下游地区陆续进入持续一个月左右的梅雨季节，一定程度上也会影响到田间作业。宋代范成大有《芒种后积雨骤冷》诗曰："梅霖倾泻九河翻，百渎交流海面宽。良苦吴农田下湿，年年披絮播秧寒。"
该诗描绘了阴雨连绵不止，河满沟平，农夫冒着寒冷身披蓑衣插播秧
苗忙碌的画面。所以，到芒种节气，我国从南到北都进入了农业生产
高潮阶段。

古代北方芒种时节正处于夏收、夏种的大忙季节，而天公有时
会不作美，连日的阴雨往往会造成小麦直接在穗上发芽，烂于田地
之中，使农民们心急如焚。而夏种时，如遇伏旱严重的天气，会使
复播的秋苗直接旱死，造成绝收。在农耕时期人们靠天吃饭，往往
只能祈求上苍，所以官方和民间都会有一些祈雨和祈晴活动。南方
民间有芒种祭祀花神的仪式。时至芒种，百花就要开始凋零了，民
间多在芒种之时祭祀一下花神，为其饯行，同时表达人们对百花的
感激之情。另外，芒种前后还有很多民俗，诸如吃粽子、赛龙舟、
挂艾草、戴香包、饮雄黄酒等。有童谣唱曰："五月五，是端阳；
插艾叶，挂香囊；五彩线，手腕绑；吃粽子，蘸白糖；龙舟下水喜
洋洋。"此时节还需要人们铭记的是纪念伟大的爱国诗人屈原的端
午节。

端午节为每年农历五月初五，与春节、清明节、中秋节并称为
中国民间四大传统节日，是中华民族最为古老的民俗大节。端午节
由上古时代龙图腾祭祀演变而来。百越之地在上古时代就有以龙舟

竞渡形式祭祀龙祖的习俗。因战国时期楚国诗人屈原在端午节抱石跳汨（mì）罗江自尽，后亦将端午节作为纪念屈原的节日。个别地方也有纪念伍子胥、曹娥及介子推的说法。总的来说，端午节起源于南方百越龙图腾祭祀，把端午视为"恶月恶日"则起于北方，注入夏季时令"祛病防疫"风尚，附会纪念屈原跳江自尽等历史人物纪念内容，最后形成端午节文化内涵，相沿迄今。端午节各地风俗虽不尽相同，但食粽子与扒龙舟是普遍的习俗活动。端午民俗的形成与定型，是中华民族历史文化长期积淀凝聚的过程，在传承发展中承载了丰厚的历史文化内涵。

端午节广泛流行于中国以及汉字文化圈诸国。2006 年 5 月，国务院将其列入首批《国家级非物质文化遗产名录》；自 2008 年起，端午节被列为国家法定节假日。2009 年 9 月，联合国教科文组织正式审议并批准将中国的端午节列入《人类非物质文化遗产代表作名录》，端午节成为中国首个入选世界非物质文化遗产的节日。

节气与健康

芒种节气，炎热的夏天来临，天气会越来越热。要注意晚睡早起，适当接受阳光照射，以顺应阳气的充盛，利于气血运行，振奋精神。锻炼以慢热型方式、强度相对适中为佳。夏天的饮食要遵从以清补为主，健脾、祛暑、化湿为辅的原则。劳动人民在长期的生活实践中总结出了夏季饮食养生"六宝"——第一饮酸梅汤，第一菜黄瓜，第一菌木耳，第一谷薏米，第一粥绿豆粥，第一瓜西瓜，值得借鉴。酸梅，又叫"青梅"，含有多种天然有机酸和丰富的矿物质，具有降血脂、抗疲劳、美容、调节人体酸碱平衡、增强免疫力的功效。但新鲜的梅子酸涩难吃，需要加工后方可食用，这就是煮梅。《三国演义》中的"青梅煮酒论英雄"说的就是此种食用方法。日常生活则应注意房间勤通风，忌赤膊贪凉。

芒种有三候：初候，螳螂生；二候，鵙（jú）始鸣；三候，反舌无声。自芒种开始，小螳螂出生。过五天，伯劳鸟开始鸣叫。又过五天，百舌鸟不再出声。

〔芒种·初候·螳螂生〕

　　《月令七十二候集解》曰："初候，螳螂生。螳螂，草虫也，饮风食露，感一阴之气而生。能捕蝉而食故又名杀虫。曰天马言其飞捷如马也，曰斧虫以前二足如斧也，尚名不一，各随其地而称之。深秋生子于林木间，一壳百子，至此时，则破壳而出，药中桑螵蛸（sāng piāo xiāo）是也。"据笔者观察，在黄河中游晋南地区，螳螂在谷雨时出生。凌晨时分，随着太阳的冉冉升起，小螳螂便从卵中一一爬出，由软变硬，迅速四散，太阳出来后便完成出卵过程。第二天亦是如此，直至卵块出尽。拍摄"螳螂生"忌用成年大螳螂代之。

（拍摄于晋南翼城县城西，历山西北麓泉头村采卵）

〔芒种·二候·鵙始鸣〕

　　《月令七十二候集解》曰："二候，鵙始鸣。鵙，百劳也，《本草》作博劳，朱子《孟》注曰博劳，恶声之鸟，盖枭类也。曹子建《恶鸟论》，百劳以五月鸣，其声鵙鵙然，故以之立名。似俗称浊温，故《埤雅禽经》注云伯劳不能翱翔，直飞而已。《毛诗》曰七月鸣鵙，盖周七月夏五月也。"意思是说，伯劳鸟古时叫鵙，每年五月可以听到伯劳鸟的鸣叫。黄河中游晋南地区与此物候现象相符合。伯劳鸟属候鸟，每年此时，汾河边上会有伯劳飞来，在此育雏，时有鸣声。拍摄"鵙始鸣"应注意拍摄主体与周围环境相符合。

（拍摄于晋南临汾市汾河西岸）

〔芒种·三候·反舌无声〕

　　《月令七十二候集解》曰："三候，反舌无声。诸书以为百舌鸟，以其能反复其舌故名。特《注疏》以为虾蟆，盖蛙属之舌尖向内，故名之。今辨其非者，以其此时正鸣，不知失者也。《易通卦验》亦名为虾蟆无声，若以五月正鸣，殊不知初旬见形后，形亦藏矣。陈氏曰：螳螂、鵙皆阴类，感微阴而或生或鸣，反舌感阳而发，遇微阴而无声也。"反舌鸟鸣声抑扬顿挫，婉转悦耳，春季鸣叫最为活跃。《礼记·月令》曰："反舌鸟，春始鸣，至五月稍止，其声数转，故名反舌。"这种鸟可以学仿上百种鸟叫，甚至会学小鸡的叫声。而到芒种节令，阴气有所上升，它就不再鸣叫了。拍摄"反舌无声"，关键在于识鸟。

（拍摄于晋南翼城县城西）

夏至·夏荷飘香 / （拍摄于晋南临汾市汾河西岸襄汾县燕村荷花园）

夏 至

荷塘莲朵香，麦粒装进仓。

玉米黍豆棉，夏管蛮紧张。

夏至是二十四节气中的第十个节气，夏季的第四个节气。每年公历 6 月 21 日或 22 日，太阳到达黄经 90° 时为夏至。夏至是二十四节气中最早被确定的四个节气之一。早在上古尧时期，先人们就用观测星相和土圭测日影的办法确定了"二分二至"。《恪遵宪度抄本》曰："日北至，日长之至，日影短至，故曰夏至。"夏至这天，太阳直射地面的位置到达一年中的最北端，几乎直射北回归线（北纬 23° 26′），即我国云南红河—广西百色—广州—台湾阿里山一线，会出现日挂穹顶、立竿不见影的景象。此时，北半球的白昼时间最长，且越往北越长，如海口日长约 13 小时，杭州约 14 小时，北京约 15 小时，黑龙江的漠河约 17 小时。而北极圈内一天 24 小时太阳都会挂在天上。就地球围绕太阳运行的轨道看，夏至时接近远日点，冬至时接近近日点，且到近日点时地球公转的速度快，远日点时地球公转的速度慢，所以夏长冬短由此而来。《淮南子·天文训》曰："（芒种）加十五日斗指午则阳气极，故曰有四十六日而夏至。"《月令七十二候集解》曰："夏至，五月中。《韵会》曰：夏，假也，至，极也，万物于此皆假大而至极也。"就是说此时，植物生长最为旺盛，生长很快。

夏至是气候学意义上真正炎炎夏季的来临。晋南有"不过夏至不热，不过冬至不冷"和"热在三伏"的说法。夏至虽表示炎热的夏天已经到来，但还不是最热的时候，真正的暑热天气是以夏至和立秋为基点计算的，夏至后的一段时间内气温会持续升高。人们纷纷会进入大山深处或乡村田野，避暑纳凉。为什么说夏至时大地从太阳获得的热量最多，而最炎热的天气却发生在夏至后的小暑和大暑时段呢？这是因为夏至时，地表从太阳获得的热量达到峰值。之后，随着太阳的南移，热量吸收逐步减少，但是地表热量的吸收仍然大于散失，所以天气会继续升温趋热，直到热量收支平衡之时，盈亏相抵，气温便达到最高值。如同冬至数九一样，夏至人们也有数九的习俗，只不过一个是冬九九，一个是夏九九。元代娄元礼有《田家五行》云："一九二九，扇子不离手；三九二十七，冰水甜如蜜；四九三十六，汗出如洗浴；五九四十五，头戴秋叶舞；六九五十四，乘凉入佛寺；七九六十三，夜眠寻被单；八九七十二，思量盖夹被；九九八十一，阶前鸣促织。"唐代韦应物有《夏至避暑北池》曰："昼晷（guǐ）已云极，宵漏自此长。未及施政教，所忧变炎凉。公门日多暇，是月农稍忙。高居念田里，苦热安可当。亭午息群物，独游爱方塘。门闭阴寂寂，城高树苍苍。绿筠（yún）尚含粉，圆荷始散芳。于焉洒烦抱，可以对华觞。"此诗描写了人们避暑纳凉时的情景，也记录了夏至时日的物候，同时念想赤日炎炎下忙于耕作的黎民百姓，表达了对劳苦大众的同情和怜悯之情。唐代刘禹锡有《竹枝词》诗曰："杨柳青青江水平，闻郎江上唱歌声。东边日出西边雨，道是无晴却有晴。"诗句在描写初恋少女心怀忐忑心情时，记录了夏天经常会降雷阵雨的天气现象。

而宋代陆游有《苦热》诗"万瓦鳞鳞若火龙，日车不动汗珠融。无因羽翮（hé）氛埃外，坐觉蒸炊釜甑（zèng）中。石涧寒泉空有梦，冰壶团扇欲无功。余威向晚犹堪畏，浴罢斜阳满野红"，则描写了夏日酷暑的情景。

此时，我国大部分地区气温较高，日照充足，作物生长很快，需水量大，故降水对农业产量影响很大，有"夏至雨点值千金"之说。一般年份，这时黄淮地区和长江中下游地区的降水一般可满足作物生长的要求。夏至节气是晋南黄河中游降水的一个峰点，也是华南东部全年雨量最多的节气。为了增强作物抗旱能力，夺取农业丰收，在这些地区，抓紧伏耕、抢蓄伏前雨水是一项重要的蓄水抗旱措施。同时，此时也是多地抗洪抢险的关键时期。

同时，夏至期间，也是农作物生长旺盛，杂草丛生，病虫害滋生蔓延而需要加强田间管理的重要时期。农谚"麦在种，秋在管"，"夏天不锄地，冬天饿肚皮"，"夏至棉田快锄草，不锄就如毒蛇咬"，就是这个道理。

夏至，古人称为"夏节""夏至节"。古人通过祭祀神灵来祈求灾消年丰。一般祭祀是冬至祭天，而夏至祭地。《史记·封禅书》曰："夏至日，祭地，皆用乐舞。"明清时期，每逢夏至，皇帝都要率文武百官到地坛祭祀，感恩天赐丰收，祈求获得"秋报"。古代朝廷还有赐冰活动。古人没有空调，夏季用冰一般是冬季藏冰于地窖，盛夏取出，或食用，或取凉。清代的赐冰，工部要根据官员的职级高低，颁发价值不等的冰票，俨然是一种政治级别上的待遇了。而在民间，则需买冰。《吕氏春秋》则有夏至日天子赏黍仪式的记载。民间有谚语曰："吃过夏至面，一天短一线。"夏至节日由来已久，作为古代的节日，宋朝在夏至之日始，文武百官放假三天。古代也有"夏至赏黍"之说，成为一种食俗。《吕氏春秋》便有农历五月黍登场，天子举行赏黍仪式的记载。如今，黄河中游晋南地区也有夏至食软黍的习俗。

节气与健康

夏至后气候趋于一年中最热的时段，阳气旺盛，酷热难耐，阴气内伏，暑素外蒸，养生应顺应夏季阳盛于外的特点，保护阳气，以降温消暑不贪凉为准。忌直接用冷水冲浴，忌风扇或空调直吹身体。檐下过道、穿堂破窗均不可纳凉。南方则仍处于梅雨季节，空气湿度大，易伤人体之阳气，导致人体脘（wǎn）腹胀满、食欲不振，因此要注意防湿。同时，夏属火，对应五脏之心，因此，夏至时重在养心。而味苦之物亦能助心气而制肺气。夏至时，人们遇到的最突出的一个问题便是食欲不振。正如宋代陈直所著《养老奉亲书·夏时摄养》中曰："盛夏之月，最难治摄。"因此，具有消暑功能的冷面类食品便成为古人夏季主食之首选。清代潘荣陛所著《帝京岁时纪胜·五月》中曰："京师于是日家家俱食冷淘面，即俗说过水面是也，乃都门之美品。"有谚语曰："冬至馄饨夏至面。"也有"冬至饺子夏至面"的说法。此时，也宜多食酸味，以固表，多食咸味以补心。运动不宜剧烈，应以散步、慢跑为主。要注意调养精神，避免焦虑，以利于气机通泄。饮食上宜多补温开水，品尝野苋菜、葫芦等，以清热减毒、消肿润肤。夏季通常有吃姜的习俗。有谚语曰："冬吃萝卜夏吃姜，不劳医生开药方。"夏天，人体热量容易散失，但体内寒气增加，会导致脾胃不和或疲劳乏力，一杯姜水可以达到很好的暖身效果。

夏至有三候：初候，鹿角解；二候，蝉始鸣；三候，半夏生。夏至前后，鹿角脱落。过五天，夏蝉始鸣。又过五天，半夏珠芽、种籽均出。

〔夏至·初候·鹿角解〕

　　《月令七十二候集解》曰："初候，鹿角解。鹿，形小，山兽也，属阳，角支向前与黄牛一同；麋，形大，泽兽也，属阴，角支向后，与水牛一同。夏至一阴生，感阴气而鹿角解。解，角退落也。冬至一阳生，麋感阳气而角解矣，是夏至阳之极，冬至阴之极也。"古人认为，夏至"阳气之至，阴气始生"，所以夏至又称"一阴生"。直到冬至，阴气达到极盛，阳气又开始升起。古籍中的鹿多指梅花鹿。鹿角是大部分鹿科动物的第二性征。它是雄鹿保卫领地、发情交配期进攻和防御的武器，也是雌鹿选择配偶的重要依据。鹿角是哺乳动物中唯一每年都可以全部自动更新的器官。据笔者观察，晋南历山周边地区，梅花鹿角在四五月便会自然脱落，较夏至早一个月时间。麋则相当。

（拍摄于黑龙江省牡丹江市横道河子镇）

〔夏至·二候·蝉始鸣〕

　　《月令七十二候集解》曰："二候，蜩（tiáo）始鸣（《月令》注疏作蝉始鸣）。蜩，蝉之大而黑色者，蜣螂脱壳而成，雄者能鸣，雌者无声，今俗称知了是也。按蝉乃总名。鸣于夏者曰蜩，即《庄子》云蟪蛄不知春秋者是也。盖蟪蛄夏蝉，故不知春秋。鸣于秋者曰寒蜩，即《楚辞》所谓寒螿（jiāng）也，故《风土记》曰蟪蛄鸣朝，寒螿鸣夕。今秋初夕阳之际小而绿色声急疾者，俗称都了是也。故《埤雅》各释其义，然此物生于盛阳感阴而鸣。"在晋南地区，蝉的种类有多种。它们大小有别，形体各异，鸣声不同。拍摄时要注意夏蝉与秋（寒）蝉的区别，以及环境的差异。

（拍摄于晋南翼城县翔山西北麓郭家村）

〔夏至 · 三候 · 半夏生〕

　　《月令七十二候集解》曰："三候，半夏生。半夏，药名，居夏之半而生，故名。"据笔者观察：半夏，仲春便开始生长，至立夏，其叶、茎便枯黄覆地，叶珠芽、茎珠芽与成熟种子一起接地入土。至夏至，同生共长，是为半夏。晋南地区半夏在谷雨时节便可以生长出雌雄同株的"佛焰苞"。因此，应当注意的是，拍摄谷雨时节的"佛焰苞"并不能反映夏至时的物候"半夏生"。此时，是半夏各种形态兼备的时期。

（拍摄于晋南翼城县城西）

小暑·夏日晨耘 /（拍摄于晋南临汾市尧都区段店乡闫马庄村）

小暑

大秋拔节长，小秋绿禾旺。

雨落易草荒，锄田连日忙。

小暑 是二十四节气中的第十一个节气，夏季的第五个节气。每年的公历7月7日或8日视太阳到达黄经105°时为小暑。《淮南子·天文训》曰："（夏至）加十五日斗指丁则小暑。"《月令七十二候集解》曰："小暑，六月节。《说文》曰：暑，热也。就热之中分为大小，月初为小，月中为大，今则热气犹小也。"暑，表示炎热的意思，小暑为小热，还不十分热。其实，只要你观其字形便会感觉到汉字的意趣来。"煮"字者，下水蒸，"暑"字者，上日烤，都表示蒸熏般的炎热。陆游曰："坐觉蒸炊釜甑中。"韩愈曰："如坐深甑遭蒸炊。"这也正印证了"小暑大暑，上蒸下煮"的谚语。小暑时节，大地上已经不再有一丝凉风，所有的风中都带有热浪。全国大部分地区都基本符合此气候特点。唐代元稹有《小暑六月节》诗曰："倏忽温风至，因循小暑来。竹喧先觉雨，山暗已闻雷。户牖（yǒu）深青霭，阶庭长绿苔。鹰鹯（zhān）新习学，蟋蟀莫相催。"从中可以看到小暑时节的物候。

小暑时节，我国大多数地区的气温会持续升高，降水明显增多，且雨量集中。小暑的标志就是"入伏"和"出梅"。民间有"小暑过，一日热三分"等说法。"入伏"，意思是从此开始进入三伏天。"夏至三庚数头伏"，这是确立初伏的依据。也就是说，从夏至日后数到第三个庚日便是初伏，第四个庚日到第五个庚日为中伏，立秋后的第一个庚日到第二个庚日为末伏。每一个庚日相隔10天，而中伏天数并不固定。夏至到立秋之间有 4 个庚日时，中伏为 10 天；有 5 个庚日时，中伏为 20 天。伏，分为初伏、中伏、末伏，叫作三伏。三伏是一年之中最热的时期。"出梅"又称为"断梅"，其时是长江中下游和江淮流域梅雨天气的终止日期。用《神枢经》的说法，入梅是在"芒种"后第一个"丙"日，出梅是在"小暑"后第一个"末"日，即在 7 月 8 日至 19 日之间出梅。梅雨结束后，绝大部分地区便进入了盛夏高温季节。

我国地域辽阔，进入这个时段，天气、气候状况便变得复杂起来。此时，登陆我国的热带气旋开始增多，活动频繁，华北、东北地区进入多雨季节，而华南、西南、青藏高原也处于来自印度洋和南海的西南季风雨季中，降水增多。

长江中下游地区则一般被副热带高压控制，处于高温少雨的天气，常常出现伏旱。特别是江淮流域的梅雨即将结束，盛夏开始，气温升高。此时的伏旱对农业生产影响很大，蓄水抗旱十分重要。农谚"小暑一声雷，倒转做黄梅""伏天的雨，锅里的米"反映了在伏雨稀缺时人们对天气的认知，也反映了人们渴盼降雨的心情。此时降水对水稻生长十分有利，可对于棉花、大豆等旱作物及蔬菜等会造成不利的影响。

小暑前后，东北和西北地区正在收割冬小麦和春小麦。早稻正处于灌浆后期，中稻已经开始拔节，晚稻正在分蘖，而双晚秧苗正准备出圃。农业生产主要是加强田间管理。

小暑后北方须注意防涝，南方应注意抗旱。全国的农作物普遍进入苗壮成长阶段，抗旱、追肥、防治病虫害是农业管理的主旋律，对休闲麦田则要开展深耕蓄墒作业，以充分利用好天然降水。对大多数棉区来说，棉花开始进入开花、结铃期，生长最为旺盛，整枝、打杈、去老叶及增施花铃肥、加强对病虫害的防治对于棉花产量影响很大，有农谚曰："小暑天气热，棉花整枝不停歇。"田间管理进入了关键时期。小暑期间，晋南地区还有"头伏萝卜，二伏芥，三伏里头种白菜"的农谚。农民们都要抓住农时，见缝插针，广为种植，增加收入。

小暑前夕，有"六月六晒红绿"的习俗，也是佛教寺院的"翻经节"。相传，这是后宫晒龙袍的日子。由于进入小暑后，日照时数开始长了起来，太阳辐射也越来越强，所以大家都会选择"晒伏"。这一天还要翻晒衣服、经书。另外，六月六也是"天贶（kuàng）节"。此节始于宋徽宗建中靖国元年（1101 年）。"贶"即"赐"，即天赐之节。此日，皇帝会向大臣赐"冰炒面"，所以称为"天贶节"。后来民间将此演绎为"吃炒面"。六月六也是大禹的生日，在中原地区还有"祭禹"的习俗。在古晋南还有"六月六请姑姑"的风俗。每年六月初六都要请闺女、女婿到娘家团聚一番。当今社会，人们追求文明和谐美好的生活方式，每到炎夏季节，总会成群结队到一些康养风景区去旅游避暑，以呼吸新鲜空气，感受大自然赐予人类的天然空调，确实是一种现代文明的选择。北宋僧人显万有《庵中自题》诗曰："万松岭上一间屋，老僧半间云半间。三更云去作山雨，回头方羡老僧闲。"另外，盛夏季节，也是大田西瓜上市的时节，因此，盛夏吃西瓜也是一种并没有得到特别关注的习俗。

节气与健康

有谚语曰："热在三伏。"小暑时节正是进入伏天的开始。"伏"即藏伏的意思，人们此时应当减少外出，以躲避暑热。

夏天养生，都应以养阳为主，注意劳逸结合，保护身体的阳气。由于此时开始进入一年之中最热的时段，人们出汗多，消耗大，更应当注意对身体的养护。同时，伏期养生一定要注意不能过量食用冷饮、直吹空调或者将温度调整过低，否则会直接导致疾病发生。小暑时还易发消化道疾病，应少吃热辣、油腻食品，不要酗酒、吸烟。小暑的食俗有一种说法："头伏饺子二伏面，三伏烙饼摊鸡蛋。"有人说这种吃法是为了使人的身体多出汗，以排出毒素。而实际上是因为三伏天气炎热，人们精神委顿，食欲不佳，饺子是传统食品，且制作并不烦琐，又能开胃解馋，所以人们常常制作饺子食用。在山东一些地区，有吃黄瓜就鸡蛋的夏至习俗。民间也有"冬不坐石，夏不坐木"之说，因为此时气温高、湿度大，久置露天的木料，经过露打雨淋，含有的水分很高，表面看起来是干的，可是经过太阳一晒，温度升高，便会向外散发潮气。长久坐在上面，会诱发疾病。

小暑有三候：初候，温风至；二候，蟋蟀居壁；三候，鹰始击。自小暑始，空气中有热风吹来。过五天，蟋蟀上墙避暑。又过五天，雏鹰开始学习飞翔。

〔小暑·初候·温风至〕

　　《月令七十二候集解》曰："初候，温风至。至，极也，温热之风至此而极矣。"意思是说，此时，天空中所吹来的风已经不再会有凉意，所有的风都有燥热的感觉。

（拍摄于晋南临汾市翼城县佛爷山景区）

［小暑·二候·蟋蟀居壁］

　　《月令七十二候集解》曰："二候，蟋蟀居壁。一名蛬（gǒng），一名蜻蛚（qīng liè），即今之促织也。《礼记》注曰：生土中，此时羽翼稍成，居穴之壁，至七月则远飞而在野矣，盖肃杀之气初生，则在穴感之深，则在野而鬭（斗）。"《诗经七月》曰："七月在野，八月在宇，九月在户，十月蟋蟀入我床下。"文中的"八月"即夏历的六月，即小暑节气。此时，蟋蟀已经开始离开田野，到庭院的墙脚下躲避炎热了。

（拍摄于晋南临汾市翼城县城西）

〔小暑·三候·鹰始击〕

　　《月令七十二候集解》曰："三候，鹰始击（《礼记》作鹰乃学习）。击，搏击也。应氏曰：杀气未肃，鸷猛之鸟始习于击，迎杀气也。"意思是说，此时，新近出生的雏鹰，开始练习生活本领，就要出窝了。

（拍摄于吉林市昌邑区土城子满族朝鲜族乡渔楼村）

大暑·清凉西峡 /（拍摄于晋南历山沁水县中村镇下川村西峡）

大暑

头伏种萝卜，白菜种末伏。

天下多少事，农人最辛苦。

大暑 是二十四节气中的第十二个节气，也是夏季的最后一个节气。每年公历 7 月 23 日或 24 日，太阳到达黄经 120° 时，即为大暑。《淮南子·天文训》曰："（小暑）加十五日斗指未则大暑。"《月令七十二候集解》曰："大暑，六月中。解见小暑。"

　　大暑节气正值"三伏"，是我国一年中日照最多、气温最高的时期，全国大部分地区干旱少雨，许多地区的气温达 35 ℃以上，炎热至极。此时，长江流域的中下游段重庆、武汉、南京气候炎热，自民国起就被传称为"三大火炉"。炎夏之日，酷暑难耐。相对于"冬九九"，南宋陆泳在《吴下田家志》中记载了"夏至九九歌"。有人发现，该支歌谣用松烟墨写在湖北省老河口市一座禹王庙正殿的榆木大梁上，至今墨迹犹新。歌谣道："夏至入头九，羽扇握在手；二九一十八，脱冠着罗纱；三九二十七，出门汗欲滴；四九三十六，卷席露天宿；五九四十五，炎秋似老虎；六九五十四，乘凉进庙祠；七九六十三，床头摸被单；八九七十二，子夜寻棉被；九九八十一，开柜拿棉衣。"该歌谣很好地反映了夏日的情景。大暑，之所以炎热至极，是因为自入夏以来，地面从太阳吸收的热量越积越多，此时积累的热量不仅多于夜间散放的热量，且这种积累已经达到峰值，所以大暑成为一年中最为炎热的时段。

此时，在我国华南以北的长江中下游等地区，如苏、浙、赣等地，处于炎热少雨季节，滴雨似黄金。而在我国的华南西部地区，虽然高温频现，但也是雷阵雨最多的季节。这时正值"中伏"前后，农作物生长最快，大部分地区的旱、涝、风、雹灾也最为频繁。俗话说："人在屋里热得燥，稻在田里哈哈笑。"盛夏季节，高温对农作物生长十分有利，对于种植双季稻的地区来说，"禾到大暑日夜黄"。此时，收获水稻则进入一年中最为紧张、最为艰苦的阶段。俗话说，"早稻抢日，晚稻抢时""大暑不割禾，一天少一箩"，收获水稻，时不我待。同时，还要根据天气情况，科学安排好生产活动，晴天收割，阴天栽插，确保晚稻按时生长、确保丰收。棉花此时也正好处于花铃盛期，需水量很大，因此，有"小暑雨如银，大暑雨如金"之说。而大豆也正处于需水临界期，对水分的反应十分敏感。农谚曰："大豆开花，沟里摸虾。"就是说，如果出现旱象，要及时进行灌溉。

此时，黄河中游地区也常会出现长时间的连阴雨、风灾、涝灾、雹灾频繁。有谚语曰："小暑大暑，淹死老鼠"，"遇到伏旱，赶快浇灌，单靠老天，就要减产"，"大暑到立秋，积粪到田头"。全国抗旱排涝防台和抢收抢种、田间管理、积沤粪肥等生产任务都十分繁重。畜禽养殖应以防中暑为主，查治皮疹、蹄爪感染等疾病。鱼塘要注意防范缺氧泛塘情况发生，特别是要关注当地天气预报。唐代李绅有《悯农》诗"锄禾日当午，汗滴禾下土。谁知盘中餐，粒粒皆辛苦"，描绘了炎夏时节，劳动人民田间劳作的繁忙景况，发人深省。

三国曹植有《大暑赋》曰："炎帝掌节，祝融司方；羲和按辔（pèi），南雀舞衡。映扶桑之高炽，燎九日之重光。大暑赫其遂蒸，玄服革而尚黄。蛇折鳞于灵窟，龙解角于皓苍。遂乃温风赫曦，草木垂干。山折海沸，沙融砾烂；飞鱼跃渚，潜鼋（yuán）浮岸。鸟张翼而远栖，兽交游而云散。于时黎庶徙倚，棋布叶分。机女绝综，农夫释耘。背暑者不群而齐迹，向阴者不会而成群。于是大人迁居宅幽。绥神育灵。云屋重构，闲房肃清。寒泉涌流，玄木奋荣。积素冰于幽馆，气飞结而为霜。奏白雪于琴瑟，朔风感而增凉。"

大暑是一个民俗节日偏少的时段，然而，在浙江，有斗蟋蟀、送大暑船等习俗。天台县斗蟋蟀历史悠久，传说与济公有关。1955年上海美术电影制片厂录制的动画片《济公斗蟋蟀》曾风靡一时。清代蒲松龄所著《促织》也曾入选中学语文课本。天台在南宋时还出过一位奸臣宰相贾似道，喜玩蟋蟀，并将民间养蟋蟀的方法整理成了一本专著《促织经》，是世界上第一本研究蟋蟀的著作。在浙江台州，有大暑送大船的习俗。每到大暑时，人们会将一艘纸糊的大船十分隆重地送往江边，由渔轮送至椒江出海口焚烧，意喻"送暑，保平安"。在中国台湾，现今还流行着过半年节、吃半年圆的习俗。

由于大暑正好是农历的六月，全年过去一半，所以称为"半年节"。在这一天，人们拜完神后，通常全家会一起吃半年圆。早期汉民族也非常重视这个节日，主要是庆祝农作物的丰收，感谢天神与祖先的庇佑。清代郑大枢有《风物吟》曰："六月家家作半年，红团糖馅大于钱；娇儿痴女频欢乐，金鼓叮鼕（dōng）嚷暑天。""红团"即半年圆，也就是现在的汤圆。

节气与健康

大暑养生宜以清心解暑、化湿健脾为主。此时，天气炎热，会严重影响人们的睡眠，继而影响人们正常的学习和工作以至健康。为此，应注意安排好作息时间，劳逸结合，保证充足的睡眠。应养成午休的好习惯，以保持充沛的精力，增强自身的免疫力。其次，要注意劳动保护，不应当长时间在烈日下和高温环境中工作，以防中暑。再次，要注意养心，忌"大动肝火"和"情绪中暑"。

大暑时，暑湿之气易乘虚进入人体。暑气盛行，心气易亏。特别是老人、孩童等抵抗力弱者，最容易中暑致病。中医认为，"脾主长夏"，"暑必加湿"。有脾虚者，要注意夏季养生。坚持以益气滋阴、健脾养胃、清暑化湿为原则，选用香甜可口、易于消化、补而不腻的食品进行滋养，如紫菜、鸭肉、薏米、山药、莲藕、土豆、西瓜、莲子、绿豆、蜂蜜、豆浆、绿茶等。忌用滋腻、生凉、辛辣的食物，酒、葱、蒜等刺激性食物也应适量食用。绿豆汤、西瓜汁、酸梅汤、藿香正气水则是消夏祛暑的不错选择。

与该节气相关的谚语"冷在三九，热在中伏""大暑无君子""笑冬不笑夏"，意思是到了小暑和大暑时，天气十分酷热，许多人忍受不了便宽衣解带，赤身露体。在现代文明社会，这种现象也是越来越少了。

游泳是夏天锻炼和健身的有益项目，大暑时节宜在早晚进行，注意安全。同时，也应因人而异，避免体力消耗过大。

大暑有三候：初候，腐草为萤；二候，土润溽（rù）暑；三候，大雨时行。萤火虫约有两千多种，分水生与陆生两类，陆生的萤火虫产卵于枯草上。大暑时，萤火虫卵化而出，所以古人认为萤火虫是腐草变成的。过五天，天气开始变得闷热，土地也很潮湿。又过五天，常会有大的雷雨出现，大雨使暑湿减弱，天气开始向立秋过渡。

〔大暑·初候·腐草为萤〕

　　《月令七十二候集解》曰："初候，腐草为萤。曰丹良，曰丹鸟，曰夜光，曰宵烛，皆萤之别名，离明之极则幽阴至微之物亦化而为明也。《毛诗》曰熠燿（yì yào）宵行，另一种也，形如米虫，尾亦有火，不言化者不复原形。"熠燿：光彩；鲜明。宵行：夜间出行。意思是说，大暑节气，腐烂的杂草就会变成萤火虫。当然，这是古人的一种误解。但此时，黄河中游晋南地区的山区农村夜晚则会有萤萤星火出现，这便是萤火虫。萤火虫夜晚发光，遇光隐去，受到震动时也会发光。目前，这种昆虫也是观测环境的一种标志性昆虫。萤火虫会发光，是因其尾部发光细胞内含有一种含磷的化学物质，称为"荧光素"，其在生物酶的作用下消耗ATP（腺苷三磷酸），并与氧气发生生化反应产生光芒。

（拍摄于晋南翼城县城西小菜园）

【大暑·二候·土润溽暑】

　　《月令七十二候集解》曰："二候，土润溽暑。溽，湿也，土之气润，故蒸郁而为湿。暑，俗称龌龊（wò chuò）热是也。"此时，黄河中游晋南地区酷热难耐，温热交加，是一年中最热的时期。

（拍摄于晋南翼城县城西小菜园）

〔大暑·三候·大雨时行〕

　　《月令七十二候集解》曰："三候，大雨时行。前候湿暑之气蒸郁，今候则大雨时行以退暑也。"大暑时节，"热极生风，闷极生雨"，黄河中游晋南地区进入雷阵雨最多的时期，天上会时不时降下大雨来。这种随时而降的大雨，会大大缓解难耐的酷暑闷热，天气也开始向秋天过渡。拍摄雨景，除了设置好快门速度外，科学使用好闪光灯有利于雨水的表现。

（拍摄于晋南翼城县南官庄村口）

秋　季

- 立秋 / *Beginning of Autumn*

- 处暑 / *End of Heat*

- 白露 / *White Dew*

- 秋分 / *Autumn Equinox*

- 寒露 / *Cold Dew*

- 霜降 / *Frost's Descent*

立秋·汾河秋始 /（拍摄于晋南临汾市汾河下游侯马段）

立秋

园内水果香，田间管理忙。

风来始有凉，早晚最觉爽。

立秋 是二十四节气中的第十三个节气，也是秋季的第一个节气。《月令七十二候集解》曰："立秋，七月节。立字解见春。秋，揫也，物于此而揫敛也。"立秋一般预示着炎热的夏天即将过去，秋天即将来临。一般每年公历 8 月 7—9 日，太阳到达黄经 135° 为立秋。《淮南子·天文训》曰："（大暑）加十五日斗指背阳之维，则夏分尽，故曰有四十六日而立秋，凉风至。"秋是收获的季节。立秋不仅预示着炎热的夏季即将过去，秋季即将来临，也预示草木开始结果孕籽，收获的季节就要到了，故有"秋收冬藏"之说。

宋代方岳有《立秋》诗曰："秋日寻诗独自行，藕花香冷水风情。一凉转觉诗难做，付与梧桐夜雨声。"此诗句便是立秋时节物候现象的写照。立秋前后，我国大多数地区的气温仍然较高。有农谚曰："秋后一伏热死人。"这"秋老虎"的威力不容小觑。秋天的到来并没有夏天的光临那么猛烈，而是有一种悠然入秋的感觉。晋南黄河中游地区早晚见凉意，晨时常有水汽氤氲成薄雾；秋蝉始鸣，蟋蟀鸣叫；芝麻开花，土豆成熟，山菊开放，喇叭艳丽。正如白居易在《一叶落》诗中所写："烦暑郁未退，凉飙潜已起。寒温与盛衰，递相为表里。"

春为生，熟为秋，熟为轻。所以秋有轻盈展翅、秋高气爽、秋明空旷、野色浩无主、秋爽魅人之意景。立秋前后，气温仍然较高，各种农作物生长旺盛。南方中稻开花结实，北方大豆结荚，玉米抽雄吐丝，棉花结铃，甘薯块茎迅速膨大，正是农作物需水的高峰时期。所以有农谚："立秋三场雨，秕稻变成米"，"立秋雨淋淋，遍地是黄金"。双晚稻正处于气温由高到低变化的生长环境中，必须抓紧此时温度较高的有利时机，追肥耘田，加强管理。

晋南农谚曰："一场春雨一场暖，一场秋雨一场寒。"立秋是暑去凉来的过渡，随着秋雨的降临，天气将会一天比一天凉。此时，对于棉花来说是保伏桃、抓秋桃的关键时期，"棉花立了秋，高矮一起揪"。南方茶园的秋耕也要抓紧进行。农谚说："七挖金，八挖银。"秋挖，可以消灭杂草，疏松土壤，提高农田保水能力，如果再结合施肥，可以使茶树的枝梢长得更好。华北地区的大白菜也要抓紧播种，以便在低温来临前长成收获。立秋，也是禾谷类作物成熟的时期，各种农作物丰收在望。俗话说"立秋晴一日，农夫不用力"，可见立秋时段对农作物生长成熟的重要性。

农历七月初七俗称七夕节。相传王母娘娘的爱孙女便是天上的织女星，她与牵牛星的牛郎私订终身，违反了天条律令。王母娘娘大怒，将牛郎贬下凡尘。织女与姐妹们飞下凡界洗澡，又与牛郎相逢，促成了美丽的爱情神话。后来他们生下一男一女。然而，王母娘娘不能容忍他们的叛逆之举，将织女抓回天界，并用金簪划出一道天河将他们相隔。牛郎织女与一双儿女哭得死去活来。此情此景，王母娘娘看在眼里，也为其所动，于是网开一面，允许牛郎和孩子们留在天上，每年七月初七让他们全家团圆。这一天，喜鹊们都会从四处飞来，为他们在天河上搭起一座鹊桥。

七夕节，又名"乞巧节""七巧节""双七""香日""星期""兰夜""女儿节"或"七姐诞"等。"七夕"最早来源于人们对自然天象的崇拜。早在远古时代，古人就对牛郎织女的天象有所认识。牛郎织女天文星区对应地域分野的文字记载见于汉代文献，《汉书·地理志》曰："粤（越）地，牵牛（牛郎）、婺女（织女）之分野也。"在东汉时，关于七夕出现了人格化的描写："织女七夕当渡河，使鹊为桥。"因七夕被赋予了牛郎织女的美丽传说，而成为象征爱情的节日，在当代更产生了"中国情人节"的文化含义。

七夕节是世界上最早的爱情节日，是一个以牛郎织女的民间传说为载体，以爱情为主题，以女人为主角的节日。2006 年 5 月 20 日，七夕节被中华人民共和国国务院列入第一批《国家级非物质文化遗产名录》。

汉代，七夕被赋予了妇女向织女星乞巧智慧和巧艺的人文内涵，形成了七夕乞巧习俗，故亦称为"乞巧"。七夕节是流行于中国及汉字文化圈诸国的传统文化节日。七夕节妇女穿针乞巧、祈祷福禄寿、礼拜七姐、陈列花果与女红（gōng）等诸多习俗的影响遍及日本、朝鲜半岛、越南等汉字文化圈地区。

在古代，立秋时节宫廷还有立秋迎秋、祭祀白帝、蓐（rù）收等活动，民间则有悬秤称人、秋社、啃秋、咬秋、贴秋膘、晒秋、摸秋等习俗。此时，炎炎夏日已过，人们要称体重，与夏初对比一下，看看自己消瘦了多少，以便贴补秋膘，大鱼大肉进补一下。立秋时，随着果蔬的成熟，江西婺（wù）源篁岭古村进入晒秋的旺季。在我国南方，如湖南、江西、安徽等山区农村，由于地势复杂，村庄平地极少，农民只能用房前屋后及自家窗台、屋顶架晒或者挂晒农作物，久而久之就演变成了一种传统的农俗现象。在我国北方，晒秋活动要在秋分、寒露之后进行。立秋时节，农田里各类菜蔬都十分丰富，人们到别人或集体的田地中摘几个瓜果，俗称"摸秋"。人们一般是不会责怪的，但不宜提倡。

节气与健康

秋天，五行属金，对应的人体器官是肺，而悲易伤肺。因此，立秋养生要做到内心宁静，神志安宁，心情舒畅，切忌悲忧伤感。即便遇有伤感之事，也要进行科学排解，以避肃杀之气。应收敛神气，以适应秋天容平之气。如果秋天伤害了肺气，到冬季就会有一定的不良表现。

此时，生活起居应注意"早睡早起，与鸡俱兴"。早卧，以顺应阳气之收敛；早起，以促肺气之舒展。衣着不宜太多，否则，会影响机体对气候转冷的适应能力，易受凉感冒。民间流传的"春捂秋冻"的保健谚语，就是这个道理。

根据中医"春夏养阳，秋冬养阴"的原则，秋季进补十分必要，但一定要因人因地而异，不能盲目跟风。食物应以少辛增酸，进食"温鲜"为主。人之虚证有阴虚、阳虚、气虚、血虚之区别，进补时要注意区分。最好请中医指导，以免适得其反。由于立秋正处于夏秋之交，对一般人群而言，可以食用一些防暑膳食，如绿豆汤、莲子粥、薄荷粥等。鸭肉、鱼肉、猪瘦肉等肉食要适量，且应配以新鲜水果和蔬菜。

立秋时节的运动，要加强肺功能的锻炼，以养护肺气。慢跑、散步、太极拳、广播体操等最为适宜。

立秋有三候：初候，凉风至；二候，白露降；三候，寒蝉鸣。进入秋天，风力和昼夜温差开始加大，在早晚人们会感觉到一丝凉意。清晨室外的植物上常常会有露凝结。秋蝉开始鸣叫，由于其生命将至终点，人们会有一种凄切的感觉涌上心头，"叶落蝉鸣品秋韵"的时段开始了。

【立秋·初候·凉风至】

《月令七十二候集解》曰："初候，凉风至。西方凄清之风曰凉风。温变而凉气始肃也。《周语》曰，火见而清风戒寒是也。"立秋时节，七月流火，末伏仍在立秋之后，黄河中游晋南地区天气还是十分炎热，农谚有"秋后一伏晒死老牛"之说。然而此时的早晨和傍晚开始有凉风来袭，显有凉意，需加穿长袖长裤类衣物了。拍摄"凉风至"一定要选择在早晚进行，才能够与物候、环境相配。

（拍摄于晋南临汾市汾河下游侯马段）

147

〔立秋·二候·白露降〕

　　《月令七十二候集解》曰："二候，白露降。大雨之后，清凉风来，而天气下降茫茫而白者，尚未凝珠，故曰白露降，示秋金之白色也。"立秋时节，空气中的水分含量增多，常常形成水雾悬浮于空中，但还没有达到结露的程度，这是一个云雾最易出现的季节。拍摄"白露降"一定要注意与白露节气的区别，不可以用叶片上的露珠图片胡乱凑数。

（拍摄于晋南翼城县南唐乡东南浍河段）

〔立秋·三候·寒蝉鸣〕

　　《月令七十二候集解》曰："三候，寒蝉鸣。寒蝉，《尔雅》曰寒螿蝉，小而青紫者；马氏曰物生于暑者，其声变之矣。"立秋时节，黄河中游晋南地区夏蝉仍在鸣唱，而此时，至少有两种以上的秋蝉开始鸣叫。它们与夏蝉同台演唱，以不同的频率奏鸣初秋。唐代虞世南有《蝉》诗曰："垂緌（ruí）饮清露，流响出疏桐。居高声自远，非是藉秋风。"拍摄时要注意夏蝉与秋蝉的形状之区别，勿以夏蝉代秋蝉。

（拍摄于晋南临汾市翼城县解放西街）

处暑·汨河秋色 /（拍摄于晋南临汾市汨水河畔）

处暑

秋后有一暑，人称秋老虎。
秋果尽飘香，玉米在成熟。

处暑是二十四节气中的第十四个节气，秋季的第二个节气。一般每年公历 8 月 23 日前后，当太阳到达黄经 150°时为处暑。《淮南子·天文训》曰："（立秋）加十五日斗指申则处暑。"处暑，即为"出暑"，是炎热离开的意思。到了处暑，就意味着即将进入气象学意义上的秋天了，处暑后我国北方地区气温逐渐下降，而在南方，高温还会反扑。《月令七十二候集解》曰："处暑，七月中。处，止也，暑气至此而止矣。"处暑是一个代表气温由炎热到寒冷过渡的节气，处暑"早晚凉"的天气特征会越来越明显，农谚"处暑天不暑，炎热在中午"就是这个意思。宋代仇远在《处暑后风雨》中云："疾风驱急雨，残暑扫除空。因识炎凉态，都来顷刻中。纸窗嫌有隙，纨扇笑无功。儿读秋声赋，令人忆醉翁。"这表现了处暑时节的情景。而宋代张嵲（niè）在《七月二十四日山中已寒二十九日处暑》中云："尘世未徂（cú）暑，山中今授衣。露蝉声渐咽，秋日景初微。四海犹多垒，余生久息机。漂流空老大，万事与心违。"从中更能看到处暑时节的物候与天气情况。

处暑时节，我国北京、太原、西安、成都和贵阳一线以东及以南的广大地区，以及新疆塔里木地区的日平均气温仍在 22℃以上，所以，在气候学意义上来说仍然处于夏季范畴。农谚"处暑十八盆"是说，处暑后还要再洗十八次澡，天气才会渐渐变凉。但是，此时的冷空气开始南下的次数增多，气温下降明显起来。黄河中游晋南地区春玉米大多开始进入乳熟期，复播、晚播的秋作物也进入开花、授粉和籽粒形成期，需要充足的阳光和水分。棉花也进入了吐絮收获期。此时，昼夜温差逐渐加大，有利于农作物养分的积累。农谚曰："处暑农田连夜变。"玉米吐丝，大豆结荚，薯块膨大……一派生机。有谚语说："处暑立年景。"只要你足够细心，傍晚在田间地头，会听到庄稼生长的声音。这时，农人们会有短暂"农闲"。此时可以采摘香辛味浓郁的花椒了。而同时，山区也要开始准备冬小麦的播种了。因此，抓紧蓄水保墒很有必要。

华南地区的降水则开始由西多东少向东多西少转变。在华南中部地区，降水量处于一年的次高点，要比大暑和白露时为多。因此，也要抓住时机多蓄天然水。而中稻正处收获的季节，晚稻也在拔节孕穗、需肥需水的关键时期，收获和管理工作将十分繁忙。少数年份也会出现像杜甫诗中所描绘的"三伏适已过，骄阳化为霖"的情况，绵绵的连阴秋雨会提前到来，影响生产。所以，农民朋友一定要关注当地天气预报，科学地安排好农业生产，确保丰产丰收。而此时，也是菱角大量上市的时期。在泛起粼粼霞光的水面上，到处都会充满采菱姑娘的歌声。梁武帝有诗曰："江南稚女珠腕绳，桂棹容与歌采菱。"李白也有诗曰："菱歌清唱不胜春。"可见采菱唱歌的风气是很盛行的。

而在高原地区，此段时间却以连续阴雨天气为主，对农牧业生产会造成影响。

古时，处暑时节的民俗活动大多与祭祖和迎秋有关。一些地方有过中元节的习俗，还有的地方从农历七月初一开始，就有"开鬼门关"的仪式，直到月底"关鬼门关"止，都要举行普度及布施活动等。

中元节，又称"七月节"或"盂兰盆会"，与清明节、寒衣节（又称"祭祖节"）一起并称三大鬼节。它也与除夕、清明节、重阳节一道，成为祭祖的四大节日。此时，人们通常有墓地祭扫和放河灯的习俗。而道教、佛教对此均有不同的解释。当今，我们弘扬优秀的中华传统文化，一是要弘扬"百善孝为先"的传统孝道；二是要发扬推己及人、乐善好施的义举。这两个方面都是从慈悲、仁爱的角度出发，具有健康向上、激励人学善向善的正能量。继承传扬中华民族优秀的传统文化，一定要摒弃迷信色彩，以科学的方法论来认识世界，指导人生。

对于沿海渔民来说，处暑以后是渔业收获的时节。近年来，为了节约渔业资源，促进当地旅游业的发展，我国沿海不少地方都兴起了一个新型的庆典节日——开渔节，以祭海祈福。此时，海域水温仍然偏高，鱼群会继续停留在海域四周，鱼虾贝类也发育成熟了。所以在此时，人们除了享受节日的欢乐外，还可以品尝到很多海鲜美味。当前，最为著名的开渔节有中国（象山）开渔节、东海（舟山）开渔节、南海（阳江）开渔节等。

节气与健康

处暑，其实仍然是由夏入秋的转换时期，是一个阳气收敛的阶段。处暑时节"宜安静性情"。此时，秋意越来越明显，大自然开始呈现肃杀的气象。人们触景生情不免会产生一些悲凉的心境。因而，要注意收敛神情，安神静心，切忌心情大起大落。可以选择听音乐、练书法、钓鱼等活动修身养性。

日常起居，要按照顺应自然之养生法则，适应自然界阳气由疏泄向收敛转变的趋势，使人体阴阳之气实现顺利转换。要调整好睡眠时间，可比夏天增加1小时睡眠，并注意早睡早起。早睡，可防止秋天肃杀之气的侵扰；早起，则有助于肺气之伸展。要根据气温变化添减衣物。特别是夜间外出要添加衣服，晚上睡觉要关闭门窗，腹部盖上薄被，以防冷凉之气侵害脾胃。

处暑时节的锻炼以早晚为好，要注意运动不宜过量，防止大量出汗，损伤阳气。此时进行冷水浴有助于健康，可以兴奋神经、帮助消化等，但要注意循序渐进。

在饮食方面，中医有"春夏养阳，秋冬养阴"的原则。此时养生应以滋阴润燥、增咸减辛、助气补筋、养脾护胃为主。应多食富含维生素的食物，多食碱性食物，增加优质蛋白质的摄入。应少食辛类食物，忌食苦味。由于鸭子味甘性凉，有润肺健脾之功效，所以民间流传有处暑吃鸭子的习俗。而北方不少地方有吃"处暑百合鸭"的习俗。

除阳虚体质者外，一般不要多食湿热食品或药物，如狗肉、人参和鹿茸等。那种随意进补，"有病治病，无病强身"的想法是错误的。

处暑有三候：初候，鹰乃祭鸟；二候，天地始肃；三候，禾乃登。自处暑始，老鹰会陈放捕获到的猎物。过五天，天地开始出现肃杀之气。又过五天，庄稼进入成熟期。

[处暑·初候·鹰乃祭鸟]

　　《月令七十二候集解》曰："初候，鹰乃祭鸟。鹰，义禽也，秋令属金，五行为义，金气肃杀，鹰感其气，始捕击诸鸟，然必先祭之，犹人饮食祭先代为之者也，不击有胎之禽，故谓之义。"意思是说，此时，自然界的动物已进入繁殖旺盛期，鹰类捕食变得容易了。鹰类总是先将捕获的猎物摆放于四周，然后再享用。古人便把这种现象描述为"鹰乃祭鸟"。意指其像人一样，感念上苍赐予它们丰盛的食物。拍摄时，要注意祭拜的拟人化。

（拍摄于吉林市昌邑区土城子满族朝鲜族乡渔楼村）

〔处暑·二候·天地始肃〕

《月令七十二候集解》曰："二候，天地始肃。秋者，阴之始，故曰天地始肃。"左河水诗曰："一度暑出处暑时，秋风送爽已觉迟。"此时，天地间万物开始凋零。植物生长由盛转为衰，一些草本植物的籽粒也开始脱落，大地的肃杀之气昌盛起来。

（拍摄于晋南翼城县浍河常册村段）

〔处暑·三候·禾乃登〕

　　《月令七十二候集解》曰："三候，禾乃登。禾者，谷连藁（gǎo）秸之总名，又稻秫（shú）苽（gū）粱之属皆禾也，成熟曰登。稷为五谷之长，首熟此时。"此时，黄河中游晋南地区的禾谷类作物准备收割了。拍摄"禾乃登"应注意"登"乃成熟，并非收获。

（拍摄于黄河中游太原市晋祠镇赤桥村汾河西岸）

白露·秋晨 /（拍摄于晋南临汾市翼城县浍河南唐乡常册村段）

白露

豆圆谷子黄，弯腰是高粱。

无心观露白，家家收秋忙。

白露是二十四节气中的第十五个节气，秋季的第三个节气。每年的公历 9 月 7 日到 9 日，当太阳到达黄经 165° 时为白露。《淮南子·天文训》曰："（处暑）加十五日斗指庚则白露降。"《月令七十二候集解》曰："八月节，秋属金，金色白，阴气渐重，露凝而白也。"此时，天气逐渐转凉，空气中的气态水达到饱和，便会凝结成为液态水。清晨时分，地面瓦砾和叶子上就会出现许多露珠，这是因为夜晚水汽凝结在上面，"白露"故得名。人们会明显地感觉到炎热的夏天已经过去，凉爽的秋天已经到来。唐代白居易有《凉夜有怀》诗曰："清风吹枕席，白露湿衣裳。好是相亲夜，漏迟天气凉。"魏晋曹丕《燕歌行》有"秋风萧瑟天气凉，草木摇落露为霜"的诗句。

从白露节气开始，我国内地的夏季风逐步被冬季风所取代。冷空气开始转守为攻，暖空气开始退避三舍。随着冷空气南下，会带来一定范围的降水。农谚"白露秋风夜，一夜凉一夜""一场秋雨一场寒"，就是形容降水过后，气温下降明显。在我国北方，白露后降水会明显减少，出现秋高气爽的天气特点。

白露是收获的季节，也是播种的季节。此时，我国华北、东北开始大面积收获谷子、大豆和高粱。大田中的南瓜、豆角、茄子、西红柿和北瓜等，日渐丰富，地堰、山坡上的核桃也到了收获的时节，大江南北的棉花正在吐絮，进入了分批采收的季节。而华北和西北、东北地区的冬小麦也开始播种。黄河中游晋南地区有"白露种高山，秋分种平川"之说，而此时春玉米等大秋作物逐渐进入成熟期，是秋收、秋种的大忙季节。而在黄淮、江淮及其以南地区的单季晚稻进入扬花灌浆期，双季晚稻即将抽穗，是加强管理的关键时期。对于蔬菜，白露后的天气则利于其生长。苹果等水果及薯类也陆续进入采收之季，应根据市场行情分类采收，以谋取最大的经济效益。

　　白露时节，秋高气爽，云淡风轻。唐代诗人杜甫有《月夜忆舍弟》诗"戍（shù）鼓断人行，秋边一雁声。露从今夜白，月是故乡明。有弟皆分散，无家问死生。寄书长不达，况乃未休兵"，便是白露时所作。春秋时的《诗经·蒹葭》有名句"蒹葭苍苍，白露为霜。所谓伊人，在水一方"，用苍凉的秋景来表现主人公忧伤凄婉的心境。

　　白露时节，北方的人们开始打枣、摘石榴、吃红薯，而南方则有喝白露茶、饮白露酒、吃龙眼、做桂花糕、祭祀大禹等风俗。

节气与健康

　　《黄帝内经》曰："肺者，气之本，魄之处也。其华在毛，其充在血脉，为阳中之太阴，通于秋气，秋主肺也。"因此，白露时节，养生的重点是养肺。应以肺气清肃为目标，以"宁神定志"为具体的措施。要避免精神紧张、大喜大悲，保持愉快心情最为重要。生活起居上应注意早晚添衣加被，以适应白露时节早晚温差过大的气候状况。无论年龄大小，都不能袒胸露臂，睡觉不可贪凉。

白露时节，燥气渐盛，与秋之凉风相合则会形成风燥之邪。其侵袭肺脏，便会使人发生呼吸道疾病，如发烧、咳嗽、支气管炎、肺炎等。有时也可侵犯经络，使人出现四肢痹症。因此，身体锻炼要顺应人体阴阳精气的收敛内养状态。与夏天相比较，可以适当加大运动量，增强心肺功能，以出汗但不感到疲倦为度，这样可以有效地调节体内气血顺畅，又不伤耗阳气。

白露时人体心脏气微，肺金用事，宜减苦增辛，助筋补血，以养心肝脾胃。饮食上注意宜多食辛味食品，不宜进食过饱。可以多食梨、百合、甘蔗、芋头、萝卜、银耳、蜜枣等，多食粥食。同时，要注意不可贪食寒凉食品，如生冷瓜果等，否则会伤及脾胃，影响健康。

白露有三候：初候，鸿雁来；二候，玄鸟归；三候，群鸟养羞。天气转凉，鸿雁开始从北方向南方迁飞。过五天，燕子向南回飞。又过五天，众鸟开始积存食物，准备越冬。

[白露·初候·鸿雁来]

　　《月令七十二候集解》曰："初候，鸿雁来。鸿，大雁。小自北而来南也，不谓南乡，非其居耳。"意思是，此时，居住在北方的大雁开始南迁。晋北有"八月雁门开，雁儿脚下带霜来"之说。在晋北代县雁门关便能看到大雁南飞的景象。

（拍摄于赣北九江市鄱阳湖畔永修县吴城镇）

〔白露·二候·玄鸟归〕

　　《月令七十二候集解》曰："二候，玄鸟归。"玄鸟，即燕子。白露时节，黄河中游晋南地区燕子南迁越冬。其实，燕子的迁徙也并非出于温度的原因，主要是进入深秋和冬季后，北方很少有飞虫可供燕子捕食，所以燕子才不得不实施一年一度的秋去春来式的迁徙。

　　（拍摄于晋南运城市盐池博物馆）

[白露·三候·群鸟养羞]

　　《月令七十二候集解》曰："三候，群鸟养羞。三人以上为众，三兽以上为群，群，众也。《礼记》注曰：羞者，所美之食。养羞者，藏之以备冬月之养也。"羞同馐，指美味的食品。白露时节，秋高气爽，稻（北方为麻）、黍、稷、菽等五谷杂粮均进入成熟后期，鸟儿们也都开始储备干粮，准备越冬了。

（拍摄于太原市汾河西岸晋祠稻田）

秋分·涝洰河秋色 /（拍摄于晋南临汾市汾河支流涝洰河畔）

秋分

中秋月亮圆，离人眼望穿。

白露种高山，秋分种平川。

秋分是二十四节气中的第十六个节气，秋季的第四个节气，时间一般为每年公历 9 月 22 日至 24 日。太阳在这一天到达黄经 180°，直射地球赤道，因此在这一天，昼夜均分，各 12 小时，全球无极昼极夜现象。《淮南子·天文训》曰："（白露）加十五日斗指酉中绳，故曰秋分雷戒，蛰虫北乡。"《月令七十二候集解》曰："秋分，八月中。解见春分。"

秋分这天是从立秋到霜降这 90 天的中间这一天。从秋分这一天起，气候主要呈现以下三大特点：阳光直射的位置继续由赤道向南半球推移，北半球昼短夜长的现象将越来越明显，白天逐渐变短，黑夜变长（直至冬至日达到黑夜最长，白天最短）；昼夜温差逐渐加大，温差幅度将高于 10℃；气温逐日下降，一天比一天冷，逐渐步入深秋季节。南半球的情况则正好相反。秋分时节云量开始明显减少，景物鲜明，夏末的热烈和中秋的凄凉被平分，也就是"平分秋色"，文人墨客所称赞的"秋水共长天一色"之景迎面而来。抬头碧空万里，出外凉风习习。此时秋高气爽，丹桂飘香，蟹肥菊黄，正是游赏、品尝美食的大好时机。

进入秋分，便开始了秋收、秋耕、秋播的"三秋"大忙季节。在二十四节气发源地的黄河中游晋南地区，玉米、谷子处于收获之季，棉花吐絮，烟叶由绿变黄，正是采收的大好时机。汉代农学家氾（fán）胜之曰："夏至九十日昼夜分，天地气和，此时耕田一而当五，名曰膏泽，皆得成功。"汉代崔寔（shí）所著《四民月令》曰："凡种大小麦得白露节可种薄田，秋分种中田，后十日种美田。"农谚则云"白露种高山，秋分种平川"。冬小麦正处于播种最佳时期。干旱或连阴雨则是影响"三秋"的主要不利因素，特别容易使即将到手的作物倒伏、霉烂或发芽，造成严重损失。因此，"三秋"便大忙了。黄河中游的物候现象体现了秋收秋种的特点，是秋分时节标准的天象。在长江流域及南部广大地区，此时正在收割晚稻，深翻土地，准备油菜播种。而双季晚稻则正在抽穗扬花，是产量形成的关键时期。有谚语曰："秋分不露头，割了喂老牛。"

秋分曾是传统的"祭月节"，后调为中秋。早在周朝，帝王就有春分祭日、夏至祭地、秋分祭月、冬至祭天的习俗。农历八月十五，是中国人民的传统节日——中秋节。这是一年秋季的中期，故称为"中秋"。农历把一年分为四季，每个季节又分为孟、仲、季三个时段，中秋也称"仲秋"。八月十五，是中国人期盼家人团圆，他乡游子望月思乡的"团圆节"。传说，古代齐国姑娘丑女无盐，幼年便虔诚拜月，后以超群品德入宫，逢八月十五赏月，深得天子喜爱，册封为皇后，中秋拜月习俗由此而来。也有说月中嫦娥美若天仙，许多少女都愿相拜，也愿"貌似嫦娥、面如皓月"。到后来，文人学士也都效仿起来，每到中秋，盛上果盘，摆上月饼，对月祭拜，寄托情怀。中秋节盛行于宋朝，明清时期已与元旦齐名，成为一个重要的传统节日。

节气与健康

秋分时节，昼夜等分，养生应顺应阴阳平衡之规律，使人之机体也呈现阴阳相对、动态平衡的"阴平阳秘"。要保持这种平衡，就必须防止外界邪气的干扰。秋季，天气干燥，人体的主要外邪为燥邪。时至仲秋，天气转凉，大地万物凋零，自然界到处呈现出凄凉的景象来，人们容易产生"悲秋"的情绪。因此，一定要注意精神方面的调养。宜登高望远，聚心旷神怡之气。起居应注意保持室内空气流通，及时添衣。睡眠要迎合时宜。秋分后，天亮得晚，而黑得早，因此，可以早睡晚起。要注意保持人体阴阳平衡，防止外邪入侵。坚持锻炼身体，增强体质，提高免疫能力。

秋分有三候：初候，雷始收声；二候，蛰虫坯（pī）户；三候，水始涸。过了秋分，就不大会听到雷声了。过五天，冬眠的动物们便开始培修洞穴，准备越冬。又过五天，小水塘、堤坝的积水开始慢慢变少，趋于干涸。

〔秋分·初候·雷始收声〕

　　《月令七十二候集解》曰："初候，雷始收声。鲍氏曰：雷，二月阳中发声，八月阴中收声，入地则万物随入也。"古人认为雷是因为阳气盛而发声，秋分之后阴气开始旺盛，所以不再打雷了。此时，黄河中游晋南地区秋雨始绵绵，雷电始收声。前几日还雷声滚滚，秋分后便细雨绵绵了。

（拍摄于晋南翼城县绵山北麓）

【秋分·二候·蛰虫坯户】

　　《月令七十二候集解》曰："二候，蛰虫坯户。淘瓦之泥曰坯，细泥也。
按《礼记》注曰：坯，益其蛰穴之户，使通明处稍小，至寒甚，乃墐塞之
也。"意思是说，由于天气变冷，蛰居的小虫开始藏入穴中，用细土封洞
口以防寒气入侵。也有一些蛰虫会吐丝或用枝叶等塞堵门户以御寒过冬。

（拍摄于晋南翼城县城西）

〔秋分·三候·水始涸〕

　　《月令七十二候集解》曰："三候，水始涸。《礼记》注曰：水本气之所为，春夏气至故长，秋冬气返故涸也。"意思是说，此时，降水开始减少，天气趋于干燥，水分蒸发加快，所以湖泊、河流水量减少，一些沼泽及水洼便处于干涸状态。在我国，一般秋分后的降水量会迅速下降，河塘和小水库的蓄水线也会明显下降。

（拍摄于晋南翼城县翔山西麓北常水库）

寒露·历山秋色 /（拍摄于晋南运城市绛县紫家峪）

寒露

寒露雁南飞，薯类要收回。

遍地见黄菊，小麦抓紧播。

寒露 是二十四节气中的第十七个节气，秋季的第五个节气。《淮南子·天文训》曰："（秋分）加十五日斗指辛则寒露。"此时太阳到达黄经 195°，时间在每年公历 10 月 7 日至 9 日，是从凉爽到寒冷的过渡。《月令七十二候集解》曰："寒露，九月节，露气寒冷，将凝结也。"寒露时，气温比白露时更低，地面的露水更冷，快要凝结成霜了。寒露与白露尽管都与露有关，但是白露依色而名，而寒露则依寒的感觉而名。到了寒露，就是深秋，天气转凉为寒，我们要开始领教秋天的肃杀之气。唐代黄巢有《不第后赋菊》诗"待到秋来九月八，我花开后百花杀。冲天香阵透长安，满城尽带黄金甲"，描写的便是寒露时节的物候。

我国地域辽阔，气候复杂。此时，以湖南、江西、广东和广西四省相连的南岭为界，其南还处于炎炎夏日，而其北的广大地区都已经进入气候学上的秋季了。天高云淡，气冷露寒，红叶满坡。然而，对于东北和西北地区而言，则四野萧瑟、时见白霜，即将开始进入冬季。除长年飘雪的青藏地区外，东北和新疆北部地区一般都会有雪降下。

黄河中游晋南地区昼暖夜凉，晴空万里，已经进入秋收、秋种的收尾阶段。应加大冬小麦播种量，再晚播种便会出现"一根针"的情况，难以取得好的收成。"寒露时节尾花收"，在农人的眼中，棉花才是秋季的"尾花"。农谚曰："寒露不摘棉，霜打莫怨天。"因此，要抓紧趁天晴时将棉花采收回来。整个华北地区的甘薯已经停止生长膨大，应抓紧收获，以免受冻害。同时，要加强牲畜饲养，为配种繁殖做好准备。而在南方地区，正值晚稻抽穗灌浆期，要切实加强田间管理，特别是要防止"寒露风"的危害。有农谚曰："寒露雨，偷稻鬼。寒露风，稻谷空。"长江流域正是直播油菜的最佳播种期，淮河以南地区绿肥播种要抓紧扫尾。

唐代王维有《九月九日忆山东兄弟》诗曰："独在异乡为异客，每逢佳节倍思亲。遥知兄弟登高处，遍插茱萸少一人。"该诗早已家喻户晓，童叟皆知。农历九月九日，俗称"重阳节"，又称"老人节"，通常都在寒露节前后。民间在此日有登高、踏秋、佩茱萸、赏菊花、饮菊花酒、吃蟹等习俗，是一个祭祖和敬老的传统节日。相传，东汉时，汝河有一瘟魔，残害百姓。桓景父母被瘟疫夺去了生命，桓景也险些丧命，遂发誓访仙学艺，为民除魔。当他打听到遥远的东方有一座古老的大山，山中有个法力无边的仙长，便不畏艰难险阻，在仙鹤的指引下，终于找到了仙长，并勤学苦练，学就了一身功夫。一天，仙长将桓景叫到跟前说："明日便是九月九，瘟魔又要出来遭害百姓了，你已学成，理应回乡为民除恶"，遂送桓景一包茱萸，一盅菊花酒，并密授辟邪之术，送其乘仙鹤飞回家乡。九月九日一大早，桓景按照仙长的吩咐，叮嘱乡亲们喝好菊花酒，佩好茱萸叶。当瘟魔从汝河之中冲天而出之时，浓烈的茱萸和菊花气味使其脸色骤变，瘫软下来。桓景几个回合便战胜了瘟魔。从此，民间农历九月九登高避瘟疫的风俗便年复一年地流传下来。《风土记》曰："是月九日，采茱萸插头鬓，避恶气而御寒。"《西京记》曰："九日佩茱萸，饵糕，饮菊花酒，令人长寿。"

节气与健康

整个秋季，天气由热转寒，是一个阳气渐收，阴气渐长，由阳盛转为阴盛的转换时期。人体作为自然中的一分子，其代谢自然也开始了由阳到阴的转换过渡。因此，无论从精神情志，还是从饮食起居，再到运动锻炼等，都要以养收为原则。秋，自古称为"金秋"，而肺在五行中属金，所以寒露养生应以养肺为主。秋内应于肺，悲忧易伤肺。因此，一定要消除忧愁、烦躁情绪，保持神志安宁，以避肃杀之气。也可登高望远，消除惆怅。早卧以顺应阳气之收敛，调整好个人作息时间十分重要。从气象学上来说，接下来这段时间，气温变化幅度大，要勤加衣服，注意保暖。有句老话这样说："白露身不露，寒露脚不露。"意思就是，到了寒露这个节气，最好不要再赤膊露体，以防寒从足生。寒露养生当多食甘、淡滋润的食品，既可补脾胃，又能养肺润肠，也可防治咽干口燥等症。

寒露有三候：初候，鸿雁来宾；二候，雀入大水为蛤；三候，菊有黄华。此时，最后一批大雁南飞。过五天，雀儿投入大水变成蛤蜊。又过五天，山菊花迎风绽放。

[寒露·初候·鸿雁来宾]

　　《月令七十二候集解》曰："初候，鸿雁来宾。雁以仲秋先至者为主，季秋后至者为宾，《通书》作来滨，滨，水际也。亦通。"唐代韦应物有《闻雁》诗曰："故园渺何处，归思方悠哉。淮南秋雨夜，高斋闻雁来。"古人认为，鸿雁南迁，最先到达的便是主人，而后续迁徙过来的便是宾客。

（拍摄于河北省邯郸市溢泉湖畔）

〔寒露·二候·雀入大水为蛤〕

　　《月令七十二候集解》曰："二候,雀入大水为蛤。雀,小鸟也,其类不一,此为黄雀。大水,海也。《国语》云,雀入大海为蛤,盖寒风严肃,多入于海变之为蛤。此飞物化为潜物也。蛤蚌属此小者也。"意思是说,进入寒露节气,田野中的黄雀为躲避寒冷飞入大江大河变成蛤蜊。这显然是古人认识上的错误。实际情况是,黄雀也有春秋迁徙的习性。寒露时,黄河中游晋南地区平川丘陵区的黄雀迁徙入林,而沼泽、湖泊中的蛤蜊多了起来,且与黄雀颜色花纹相似,古人便认为黄雀变成蛤蜊了。

　　（拍摄于晋南临汾市汾河西岸）

〔寒露·三候·菊有黄华〕

《月令七十二候集解》曰："三候，菊有黄华。草木皆华于阳，独菊华于阴，故言有桃桐之华皆不言色而独菊言者。其色正应季秋土旺之时也。"菊花的品格被人格化，向有君子之德、隐士之风、志士之节，为历代文人骚客所称颂。明太祖朱元璋《咏菊》曰："百花发时我不发，我若发时都吓杀。要与西风战一场，遍地穿就黄金甲。"唐起义军首领黄巢《不第后赋菊》曰："待到秋来九月八，我花开后百花杀。冲天香阵透长安，满城尽带黄金甲。"此时，黄河中游晋南地区田野中一簇簇、一片片的山菊花竞相开放。山菊花是深秋物候观测很有代表性的植物。拍摄时应注意不能用人工培育的观赏菊花作为主体，因为古人是观测野菊花而定物候的。

（拍摄于晋南翼城县历山西北麓西阎镇）

霜降·霜降的大地 /（拍摄于晋南翼城县河上公德山南午子官庄村）

霜降

农事往前赶，千万莫迟缓。

霜降是红线，收种两减产。

霜降是二十四节气中的第十八个节气，也是秋季的最后一个节气。每年公历 10 月 23 日前后，太阳到达黄经 210° 时为霜降。《淮南子·天文训》曰："（寒露）加十五日斗指戌（xū）则霜降。"霜降到来表示天气渐冷，露水凝结成霜。《月令七十二候集解》曰："九月中，气肃而凝，露结为霜矣。《周语》曰：驷（sì，房星）见而陨（坠落）霜。"

有农谚曰："霜降见霜花，立冬见冰碴。"此时，我国黄河流域晋南地区已开始出现白霜。千里沃野上，一片银色冰晶在阳光的照射下熠熠闪光。在这个时节，树叶枯黄，叶片纷纷掉落。民间有"霜杀百草"之说，白昼秋云散漫远，冷月萧萧霜飞寒，冬天已经在叩门了。霜其实是地面的水汽遇到寒冷空气凝结成的，所以"霜降"不是降霜，而是表示天气寒冷，大地将产生初霜的现象。而在古代，由于人们认识不清，常常把这种露水凝霜的现象认为是"降霜"，所以才取名为"霜降"。一些诗词作品不乏这种表述，如"繁霜降兮草木零""霜降夕流清""霜降碧天静"等。霜降时节，天气渐冷，这是一个秋季与冬季过渡的节气。有农谚曰："寒露不算冷，霜降变了天。"其实，霜降的"变天"，是有一种累积效应的。从入秋开始到霜降，无论是降水还是降温，都有一个极速下滑的过程，而下滑最陡的一段则是霜降节气。《西厢记》里就有关于霜降时的描述："碧云天，黄花地，西风紧，北雁南飞。晓来谁染霜林醉？总是离人泪。"

气象学上把秋季出现的第一次霜叫作"早霜"，而把春季出现的最后一次霜称为"晚霜"。早霜和晚霜之间的时期，就是通常说的"无霜期"。秋霜和春霜统称为"霜冻"。霜降之后，黄河以北地区开始变得荒凉萧瑟起来，而黄河以南地区则刚刚进入深秋。而在黄河中游地区，不耐寒的植物将会停止生长，枫树、黄栌等树木在秋霜的洗礼下，呈现出红黄遍野的深秋景色，十分壮观。"霜叶红于二月花"便是其真实的写照。而此时也正是菊花盛开的时节，古有谚语"霜打菊花开"，因此，也有人把早霜叫作"菊花霜"。此时，也正是人们外出秋游赏景的大好时机。

霜降时节，我国大部分地区都处于秋收扫尾阶段，即便是比较耐寒的葱，也不能再继续生长了。农谚曰："霜降不起葱，越长越要空。"同时，大秋田也要进行整理，诸如收获秸秆、清理根茬，以处理掉隐藏的越冬虫卵和菌丝。大白菜也进入收获时期，要加强管理。而在南方，此时正处于"三秋"大忙时节，单季杂交稻和晚稻正要收割，早茬麦和早茬油菜正是最佳播种时段。棉田也要及时清理秸秆，耕翻整地。而黄河流域的羊群正处于秋冬发情期。农谚曰："霜降配种清明乳，赶生下时草上来。"而在华南地区，到隆冬时节，才会见到霜冻的天气现象。因此，"霜降始霜"真正反映的是黄河流域的气候特征。

霜降时节通常出现在农历十月初一前后。每年农历的十月初一是"祭祖节"，民间通常有"十月一，送寒衣"的说法，它与春季的清明节和秋季的中元节并称为三大鬼节。"十里一乡风"，地域不同，祭祖的形式也不同，有家祭也有墓祭。

节气与健康

霜降时节，天气由凉转冷，秋燥明显，燥易伤津。防寒、防秋燥、防秋郁是健康养生的重点。人们长期以来都有霜降前后进补的习惯。民谚曰："冬补不如霜降补"，"一年补到头，不如霜降补"，"霜降时补，来年打虎"。饮食方面应以滋阴润肺、健脾养胃、调肝补肾为宜。可多吃健脾养阴润燥的食物。晚秋时节，气候肃杀悲凉，容易使人忧思消沉，精神抑郁。因此，要多参加一些健康向上的文化活动。

霜降有三候：初候，豺祭兽；二候，草木黄落；三候，蛰虫咸俯。霜降前后，豺把捕来的鸟兽陈放起来拜祭。过五天，草木在寒风中枯黄落叶。又过五天，冬眠的动物们都行动迟缓，进入蛰伏前期。

[霜降·初候·豺乃祭兽]

《月令七十二候集解》曰："初候，豺祭兽（《月令》作豺乃祭
兽戮禽）。祭兽，以兽而祭天，报本也，方铺而祭。秋，金之义。《逸
周书汇校集注》：豺乃祭兽者，是月豺杀诸兽，四面陈之，有似乎祭。"
意思是说，此时，由于周围猎物多了起来，豺类捕猎容易了很多，豺便将
捕获的猎物四面摆放，随后才食用。古人便想象其先行祭天，以感念上苍
赐予其丰盛的食物，以提醒或者警示人们，要有回报与感恩之心。此条与
"獭祭鱼""鹰乃祭鸟"意思相同。如果在动物园拍摄，要注意选择合适
角度，避免网笼入镜。

（拍摄于北京市动物园）

【霜降·二候·草木黄落】

　　《月令七十二候集解》曰："二候，草木黄落。色黄而摇落也。"《逸周书汇校集注》曰："草木落黄者，九月金盛克木，故先黄而后落。"人常说："霜降杀百草。"此时，黄河中游晋南地区许多落叶树木叶片纷纷掉落，秋风扫落叶的情景不时呈现在人们的眼前。拍摄时可以使用慢门来表现"黄落"的动感。

（拍摄于晋南翼城县翔山脚下东关村银杏林）

[霜降·三候·蛰虫咸俯]

　　《月令七十二候集解》曰："三候，蛰虫咸俯。《淮南子》作俛（fǔ，"俯"的异体字）。咸，皆也。俯，蛰伏也，垂头也。此时寒气肃凛，虫皆垂头而不食矣。《吕氏·季秋纪》所谓蛰虫咸俯在穴，皆瑾（jìn，用泥涂塞）其户也。"此时，蛰伏越冬的昆虫已经闭穴锁户，进入冬眠模式。而也有一些没有来得及蛰伏的昆虫，只能在凛冽的寒风中瑟瑟发抖，等待死亡的来临。

（拍摄于晋南翼城县城西）

冬　季

- 立冬 / *Beginning of Winter*

- 小雪 / *Lesser Snow*

- 大雪 / *Greater Snow*

- 冬至 / *Winter Solstice*

- 小寒 / *Lesser Cold*

- 大寒 / *Greater Cold*

立冬·浍河初冬 /（拍摄于晋南临汾市翼城县城南浍河）

立冬

田里拔萝卜，窖中藏红薯。

储好大白菜，热炕享幸福。

立冬

立冬 是二十四节气中的第十九个节气，冬季的第一个节气，也是中国的传统节日之一。每年公历 11 月 7 日至 8 日，即太阳到达黄经 225° 为立冬。《淮南子·天文训》曰："（霜降）加十五日斗指号通之维，则秋分尽，故曰有四十六日而立冬，草木毕死。"

立冬时节，虽然日照时间将继续缩短，正午太阳高度继续降低，天气将逐渐趋于寒冷，但从气候学意义上来讲，我们所处的北半球由于夏天大地所储存的热量还在散放，所以还不至于太冷。但由于气温一直在下降，天地之间，草木凋零，蛰虫休眠，万物活动趋向休止，民间广以立冬为冬季的开始。尽管有时也会出现舒适温暖的"小阳春"天气，但是立冬时节北方的冷空气频频南侵，形成大风降温，且伴有雨雪寒潮。宋代陆游有《立冬日作》诗曰："室小才容膝，墙低仅及肩。方过授衣月，又遇始裘天。寸积篝炉炭，铢（zhū）称布被棉。平生师陋巷，随处一欣然。"此诗尽管是一首以生存空间来衬托心灵空间的佳作，但从另一个层面也描写出了当时人们过冬的情景。

立冬时节，我国大部分地区降水显著减少。青藏高原、内蒙古及东北地区大地已经封冻，农林作物进入越冬期；江淮地区的秋收、秋播、秋管接近尾声；江南地区正在抢种晚茬小麦，移栽油菜；而华南地区正在"立冬种麦正当时"的最佳播种期，仍然处于青山绿水、鸟语花香、温暖如春的环境之中。由此可见我国气候差异之大。而此时，华北和黄河中游的晋南地区冬小麦处于出苗和分蘖期，是加强冬前管理、培育壮苗的关键时期。要适浇冬水，开展划锄、化学除草等作业。果园也进入冬季管理阶段，以沟施有机肥为主，并覆土灌水。同时，冬季也是各地林业防火的关键期。

古人对"立"的理解与现代人一样，是建立、开始的意思。但"冬"字就不那么简单了，古籍《月令七十二候集解》对"冬"的解释是："冬，终也，万物收藏也。"意思是说，秋季作物全部收晒完毕，收藏入库，动物也已藏起来准备冬眠。完整地说，立冬预示着冬季开始，万物收藏，规避寒冷。

立冬与立春、立夏、立秋合称"四立"，在古代社会中是个重要的节日，常有迎冬、贺冬（拜冬）等习俗。这一天，皇帝会率领文武百官到京城的北郊设坛祭祀，完毕后，还要赐"袄"赐"帽"。至今，在立冬之日，不少地方也要举行仪式予以庆祝。在民间仍然有补冬、养冬、斋三官及腌菜、吃糕、吃甘蔗、吃咸肉菜饭等民俗活动。补冬、养冬都是与健身养生有关，而吃糕、吃甘蔗、吃咸肉菜饭则与时令产物有关。民间有传言："立冬食蔗不牙痛。"

节气与健康

冬季养生应顺应自然闭藏之规律，以"滋阴补肾，驱寒护阳"或者说"补肾藏精，养精蓄锐"为根本。中医认为："寒为阴邪，常伤阳气。"人体阳气就好像天上的太阳，是自然界一切能量之源泉，它赐予自然界光明与温暖，失去了它，生物将无法生存。同样，人体如果没有阳气，将失去新陈代谢的活力。所以，立冬后的健康养生一定要以"养藏"为中心。

人们在这个进补的最佳时期进行食补，为抵御冬天的严寒补充元气。饮食调养应遵循"秋冬养阴""无扰乎阳""虚者补之，寒者温之"的古训，随四时气候的变化而调节饮食。可以适当食用一些热量较高的食品，同时也要多吃富含维生素、钙和铁的食物，以及其他各种新鲜蔬菜，如大白菜、洋葱、西红柿、红薯、土豆、木耳、胡萝卜、芝麻、葵花籽等。应忌食或少食生冷性寒的食物，如螃蟹、海虾、葡萄、香蕉等。为防肺寒，可喝热粥。如患风寒感冒，症状较轻的，可选用一些辛温解表、宣肺散寒的食材。有歌云："一把糯米煮成汤，七根葱白七片姜，熬熟兑入半杯醋，伤风感冒保安康。"温服后上床盖被，微热而出小汗。每日早、晚各一次，连服两天。此时要注意科学起居，与天时相配。

立冬有三候：初候，水始冰；二候，地始冻；三候，雉入大水为蜃。就是说自立冬始，水面开始结冰。过五天，地面开始封冻。又过五天，野鸡飞入大海变成大蛤。

［立冬·初候·水始冰］

　　《月令七十二候集解》曰："初候，水始冰。水面初凝，未至于坚也。"
此时，黄河中游晋南地区刚刚进入结冰的临界值，如果适逢夜间下上一场
小雨，第二天早晨就会发现水面上结有一层薄冰。太阳一出，即刻便化。
而山区小河边上的杂草，由于受更低气温的影响，则会挂上晶莹剔透的冰
花，向人们昭示冬天的到来。

　　　　　　　　　　　　　　　　　　（拍摄于晋南翼城县河上公德山南麓浇底河）

［立冬·二候·地始冻］

　　《月令七十二候集解》曰："二候，地始冻。土气凝寒，未至于拆（chāi，意裂也）。"此时，黄河中游晋南地区翼城县地面凌晨最低温度降至0℃以下，土地开始出现表层冻结。待日出后，气温还会上升至0℃以上，冻层仍会消融解冻。

（拍摄于晋南翼城县浍水河畔冯史村）

〔立冬·三候·雉入大水为蜃〕

　　《月令七十二候集解》曰："三候，雉入大水为蜃。雉，野鸡。郑康成、《淮南子》高诱俱注蜃为大蛤；《玉篇》亦曰：蜃，大蛤也；《墨子》又曰：蚌，一名蜃。蚌，非蛤类乎？《礼记》之注曰蛟属；《埤雅》又以蚌、蜃各释，似非蛤类，然按《本草》车螯之条曰车螯是大蛤。一名蜃，能吐气为楼台，又尝闻海旁蜃气成楼垣。《章龟经》曰：蜃大者为车轮，岛屿，月间吐气成楼，与蛟龙同也。则知此为蛤明矣。况《尔雅翼》引《周礼》诸家，辩蜃为蛤甚明。"意思是说，到立冬时节，走飞于田野的野鸡便会飞入大江大河变为大蛤。这是古人在认识自然过程中的一种错觉。实际情况是，此时，田野中的食物越来越少，野鸡飞入森林深处寻觅食物，而江河中的大蛤已经长大，花纹颇似野鸡，所以古人便认为野鸡变成大蛤了。

（拍摄于晋南翼城县城北担子山）

小雪·汾河初雪 /（拍摄于晋南临汾市尧都区汾水河畔）

小雪

遥想旧时年，小雪即封山。

若要困不住，吃穿早备全。

小雪 是二十四节气中的第二十个节气，冬季的第二个节气。每年一般出现在公历 11 月 22 日或 23 日，这时太阳到达黄经 240°。《淮南子·天文训》曰："（立冬）加十五日斗指亥则小雪。"小雪是反映天气现象的节令，表示开始降雪，雪量小。《月令七十二候集解》曰："小雪，十月中。雨下而为寒气所薄，故凝而为雪，小者未盛之辞。"《群芳谱》曰："小雪气寒而将雪矣，地寒未甚而雪未大也。"这就是说，到小雪节气，由于天气寒冷，降水形式由雨变为雪，但此时由于"地寒未甚"，故雪量还不大，所以称为"小雪"。

此时，东北地区土壤已经封冻，节气之末可达一米深；长江中下游地区开始进入冬季，部分地区方见初霜，"荷尽已无擎雨盖，菊残犹有傲霜枝"，便是其进入初冬的写照；而华南地区一般很少有降雪，要想观得"千树万树梨花开"的迷人景象，还真不是一件容易的事。此时，北方地区各地气温多在 0℃ 以下。这个时期天气逐渐变冷，黄河中下游初雪期基本与小雪节令一致。虽然有雪始降，一般雪量较小，往往也是雨夹雪，并且夜冻昼化。如果冷空气势力较强，暖湿气流又比较活跃的话，也有可能下大雪。小雪是寒冷开始的标志。

农谚曰："瑞雪兆丰年。"其原因有三：一是降雪可以增加土壤含水量；二是降雪可以为土壤保暖，提高土壤有机质分解的效率，增强肥力；三是降雪可以杀灭害虫、病菌。农谚"小雪雪满天，来年必丰年"也是这个道理。

小雪时节，天寒地冻，除长江中下游地区开始进行小麦和油菜田间管理外，全国大多数地区都处于农闲时段。晋南有农谚曰："小雪不耕田，大雪不行船。"此时，农村应利用农闲整修农机具，因地制宜广开致富门路，大搞副业生产。果农则开始进行冬季修剪、包扎防冻等工作。同时，也要搞好牲畜的防寒保暖工作。

小雪时节，我国南方地区有祭神、建醮（jiào）、腌菜等民俗活动。祭神，主要是祭水仙尊王，为航海者祈祷平安，以沿海地区的商人、船员和渔夫最为信奉。在民间信仰中，与水有关的神祇有水仙尊王、水官大帝和水德星君。水仙尊王就是海神，水官大帝是大禹，水德星君则属于自然崇拜的神祇。建醮，"醮"，原意为祭神，后专指"僧道设坛祭神"，是我国南方民间最大的一项宗教活动，场面盛大，深得百姓的重视与期待。腌菜，是用高浓度的盐液、乳酸菌发酵来保藏蔬菜，并增进口感风味的一种制菜方法。民间有"小雪不收菜，冻了莫要怪"的说法。我们熟知的泡菜、榨菜、咸菜等都是腌菜系列。

节气与健康

冬天是一个闭藏的季节。人体的阳气也随着气候的转化而潜藏于内。因此，冬季养生应顺应自然界闭藏之规律，以敛阴护阳为根本。

在运动调养上，有谚语曰："冬天动一动，少闹一场病；冬天懒一懒，多喝药一碗。"这说明了冬季锻炼的重要性。因此，要注意持之以恒地进行锻炼，但应注意不宜做剧烈的运动、出大汗，否则会造成无形能量的流失。不要刻意顶触寒邪，不提倡一般人游冬泳。在饮食调养上，要继续遵循"秋冬养阴""无扰乎阳""虚者补之，寒者温之"的古训。冬季，应围绕抵御寒冷进行食补。肉类如羊肉、狗肉等，可促进新陈代谢，加速血液循环，提高御寒能力；含铁量高的食物，如动物血、蛋黄、猪肝、牛肾、黄豆、芝麻、腐竹、黑木耳等，可提高人体的御寒能力；胡萝卜、山芋、藕、菜花、土豆等蔬菜，以及含碘量高的食物，如海带、紫菜、贝壳类等，也可提高人体的抗寒能力和产热能力，达到抵抗寒冷的目的。

小雪有三候：初候，虹藏不见；二候，天气上升，地气下降；三候，闭塞而成冬。自小雪始，彩虹便隐藏起来不再出现。过五天，阳气升上天，阴气降于地面。又过五天，天地凝结，闭塞而成冬。

〔小雪·初候·虹藏不见〕

　　《月令七十二候集解》曰："初候，虹藏不见。季春阳胜阴，故虹见；孟冬阴胜阳，故藏而不见。《礼记注》曰：阴阳气交而为虹，此时阴阳极乎辨，故虹伏。虹非有质而曰藏，亦言其气之下伏耳。"在黄河中游晋南地区，此时，降水量偏低，气温下降明显，形成彩虹的条件已不具备，所以很难见到彩虹出现了。

（拍摄于晋南翼城县历山西北麓霍家涧村）

〔小雪·二候·天气上升，地气下降〕

　　《逸周书汇校集注》曰："天气上腾地气下降者，非复前此氤氲化生，而暂为凝聚，以待来岁之发泄也。""氤氲"，古代指天地阴阳二气交互作用的状态。意思是说，此时，阳气上升，阴气下降，天地开始闭塞起来，预示着寒冷的冬天已经到来。在晋南地区小雪时节的早晨，比较容易捕捉到这种画面。

（拍摄于晋南翼城县浍水河畔冯史村）

［小雪·三候·闭塞而成冬］

　　《月令七十二候集解》曰："三候，闭塞而成冬。阳气下藏地中，阴气闭固而成冬。天地变而各正其位，不交则不通，不通则闭塞，而时之所以为冬也。"《吕氏·孟冬纪》注谓"天地闭，冰霜凛烈成冬"。意思是说，此时，因为"天气上升，地气下降"而形成的天地闭塞的状态愈加明显，天气会更趋于寒冷。黄河中游晋南地区常呈现出雨雪同降的现象，即"雨夹雪"。

（拍摄于晋南临汾市涝洰河畔）

大雪·踏雪之季 /（拍摄于晋南临汾市涝洰河畔）

大雪

繁华早消散，枯枝朝蓝天。

锁住旧年轮，伸根待回暖。

大雪是二十四节气中的第二十一个节气，冬季的第三个节气，每年一般出现在公历 12 月 7 日或 8 日，这时太阳到达黄经 255°。《淮南子·天文训》曰："（小雪）加十五日斗指壬则大雪。"《月令七十二候集解》曰："大雪，十一月节，大者，盛也。至此而雪盛也。"大雪节气，天气更冷，降雪的可能性比小雪时更大了，并不是指降雪量一定很大。"大雪"结束之时，是"冬至"开始之日，人们将开始数着"九九"过隆冬。因此，对我国大多数地区而言，大雪是迈向隆冬季节的过渡期。

大雪时节，我国除华南、西南和云南南部没有冬区外，绝大多数地域都会披上冬天的盛装。东北、西北地区气温已经达到 -10℃以下，呈现出"千里冰封，万里雪飘"的北国风光。而黄河中游地区气温也稳定降至 0℃以下，产生积雪天气条件。唐代白居易有《夜雪》诗"已讶衾（qīn）枕冷，复见窗户明。夜深知雪重，时闻折竹声"，反映了大雪时节深夜天降大雪的情况。

降雪与农业生产关系密切，农谚"瑞雪兆丰年"即是说，冬季下几场大雪，是来年丰收的预兆。有经验的农民把雪比作"小麦的棉被"，冬天"棉被"盖得越厚，春天麦子就长得越好，所以又有这样一句谚语："冬天麦盖三层被，年来枕着馒头睡。"大雪节气可能会有暴雪出现，冻雨频繁，农民朋友要开始忙于冬小麦和果园的防冻防寒工作。晋南运城地区有农谚曰："大雪瑞雪兆丰年，果树涂白防病虫。"对于畜禽，也要进行越冬管护。晋南临汾地区有农谚曰："大雪满山谷，母猪不空腹。"此时，肉、皮用家畜也陆续进入出栏期，要注意加强最后阶段的管理。

江淮及其以南地区的小麦进入分蘖期，油菜、马铃薯等也均进入田间管理期，要实施中耕、增肥、查苗补苗和病虫害防治等农艺措施，并利用降雨间隙收获秋玉米、秋大豆、秋花生、红薯，采摘柑橘、香蕉等水果，晾晒晚稻等，确保农业丰产丰收。

大雪期间，是文人墨客极易触景生情的时节，历史上留下了很多关于雪的佳作名篇，可以说晶莹剔透的雪花在诗词歌赋中纷飞了几千年。在近代中国，给人们留下深刻印象，能够"独领风骚"的，恐怕就是毛泽东的著名诗篇《沁园春·雪》了。

北国风光，

千里冰封，

万里雪飘。

望长城内外，

惟余莽莽；

大河上下，

顿失滔滔。

山舞银蛇，

原驰蜡象，

欲与天公试比高。

须晴日，

看红装素裹，

分外妖娆。

江山如此多娇，

引无数英雄竞折腰。

惜秦皇汉武，

略输文采；

唐宗宋祖，

稍逊风骚。

一代天骄，

成吉思汗，

只识弯弓射大雕。

俱往矣，

数风流人物，

还看今朝。

大雪时节，北方很多地区有吃饴糖的习俗，有些地方也有吃红枣糕的风俗。饴糖是由玉米、大麦、小麦、粟或玉蜀黍等粮食经发酵糖化而制成的食品。它也是一味传统中药，性味甘、温，归脾、胃、肺经，临床主要用来补脾益气、缓急止痛、润肺止咳，治疗脾胃气虚、中焦虚寒、肺虚久咳、气短气喘等，在中医的多个经方中皆有应用。它不仅是妇女、儿童们喜食的食品，也是老人们冬季滋补身体的好补品，深受大家喜爱。红枣糕是用红枣和面粉制作的一道甜品，枣香扑鼻，口感绵软，营养丰富，特别适合早餐食用。红枣富含蛋白质、脂肪、糖类、胡萝卜素、B族维生素、维生素C、维生素P，以及钙、磷、铁和环磷酸腺苷等营养成分。其中维生素C的含量在果品中名列前茅，有"维生素王"之美称。

大人们赏雪景，孩子们则堆雪人、滚雪球、打雪仗。由于大雪时已经临近冬至，昼短夜长日渐明显，一些作坊、家庭手工业者等纷纷开夜工，于是"夜市"便兴办起来，生意十分兴隆。

大雪时节，屋外冷飕飕，屋内暖洋洋。家里人通常会围坐在火炉旁取暖。大人们也会把贮藏的红薯拿出来放进炉膛内烧烤，这就是北方有名的烤红薯了，大人小孩都爱吃。

节气与健康

大雪是冬季"进补"的好时节，素有"冬天进补，开春打虎"的说法。冬令进补能提高人体的免疫能力，促进新陈代谢，使畏寒的现象得到改善。冬令进补还能调节体内的物质代谢，使营养物质转化的能量最大限度地贮存于体内，有助于体内阳气的升发，有"三九补一冬，来年无病痛"之说。此时宜温补助阳、补肾壮骨、养阴益精。冬季食补应供给富含蛋白质、维生素和易于消化的食物。自古还有"大寒大寒，防风御寒，早喝人参黄芪（qí）酒，晚服杞菊地黄丸"之说。在民间还流传有"冬吃萝卜夏吃姜，不劳医生开药方"的说法。萝卜具有较强的行气功能，可以止咳化痰、除燥生津、清凉解毒。也可以多食粥食，以养胃气。

同时，大雪时节应顺应天时，进行起居调养，做到早睡迟起。早睡可以养护阳气，迟起有助于巩固阴精。身体锻炼应相对平缓，准备充分，避免剧烈运动。

大雪有三候：初候，鹖鴠（hé dàn）不鸣；二候，虎始交；三候，荔挺出。大雪时节，寒号鸟已不再鸣叫。过五天，老虎开始交配。又过五天，马蔺草在严寒之中开始生长。

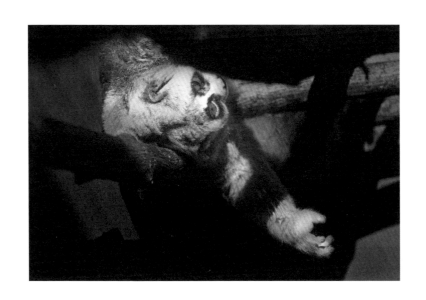

〔大雪·初候·鹖鴠不鸣〕

　　《月令七十二候集解》曰："初候，鹖鴠不鸣。鹖鴠，音曷旦，夜鸣求旦之鸟，亦名寒号虫，乃阴类而求阳者，兹得一阳之生，故不鸣矣。"高诱《吕氏注》曰："鹖鴠，山鸟，阳物也，是月阴胜故不鸣也。"《逸周书汇校集注》曰："朱右曾云：鹖旦，一名寒号，夏月毛采五色，至冬尽落，夜则忍寒而号以求旦。"鹖鴠，寒号鸟是也。意思是说，大雪时节，天气日趋严寒，一向喜欢夜间鸣叫的寒号鸟因为寒冷的天气也都不再鸣叫了，只在期待日出温暖时刻的到来。寒号鸟并不是鸟类，属哺乳动物，名叫"复齿鼯鼠"，粪可入药，俗名"五灵指"。历山西峡之万佛壁上，尽布密密麻麻的小石洞，许多寒号鸟便栖息在那里。

（拍摄于北京动物园）

〖大雪·二候·虎始交〗

　　《月令七十二候集解》曰："二候，虎始交。虎猛兽，故《本草》曰，能避恶魅，今感微阳气益甚也，故相与而交。"高诱《吕氏注》曰："虎始交者，虎乃阳中之阴，故交于冬至一阳将发之前。"大雪时节是阴气最盛的时期，所谓盛极而衰。此时，阳气已有所萌动，老虎开始出现求偶行为。笔者观察：一只成年雄虎每天最多可以交配近二十次。拍摄"虎始交"应选择东北虎拍摄，因为这种虎有大雪节气交配的行为。而据有关资料，华南虎是整年都可以交配的，因此，华南虎不具备拍摄条件。

（拍摄于黑龙江省牡丹江市横道河子镇）

〔大雪·三候·荔挺出〕

《月令七十二候集解》曰："三候，荔挺出。荔，《本草》谓之蠡实，即马薤也。郑康臣，蔡邕，高诱皆云马薤。况《说文》云荔似蒲而小，根可为刷，与《本草》同。但陈澔注为香草，附和者即以为零陵香。殊不知零陵香自生于叁月也。"《逸周书汇校集注》曰："朱右曾云：荔挺，香草，一名马薤（xiè），又名马兰，似蒲而小。或曰似薤而长厚，三月开紫碧花，五月结实。""荔挺"为兰草的一种，大雪时节，尽管会有大雪降下，寒冷无比，但这种植物会感到阳气的萌动而抽出新芽，毫无畏惧。

（拍摄于晋南临汾市翼城县城西）

冬至·珍珠帘下 / （拍摄于晋南翼城历山风景区珍珠帘）

冬至

冬至气候寒，进入数九天。

人人怕冻伤，煮饺示保暖。

冬至

是二十四节气中的第二十二个节气，冬季的第四个节气。每年公历的 12 月 21 日至 23 日，太阳到达黄经 270° 为冬至。《月令七十二候集解》曰："冬至，十一月中。终藏之气至此而极也。"《淮南子·天文训》曰："（大雪）加十五日斗指子则冬至。"冬至这天，太阳直射南回归线，是北半球一年中正午太阳高度最低的一天，同时也是白昼最短、黑夜最长的一天。过了这一天，太阳就会逐渐北移，北半球白天就会一天天变长。所以，俗话有"吃了冬至面，一天长一线"的说法。

自冬至始，我国便进入了"数九寒天"，冬至日也就成了"数九"的第一天。但由于我国地域辽阔，各地气候景观的差异还是很大的。在东北地区，天寒地冻，琼装玉宇；黄淮地区也常常呈现出银装素裹的冰雪景象；而在长江中下游两岸，平均气温一般都在 5℃ 以上，作物还在继续生长，田野青青，一派生机，正是"水国过冬至，风光春已生"；而华南沿海地区气温却在 10℃ 以上，温暖舒适。

冬至前后，是黄河中游地区大搞农田水利基本建设的大好时机。人们整修水利设施，大积大沤农家肥，开展以冬灌和追肥为主的小麦冬管及果园越冬保护管理。畜禽养殖也进入越冬管理期。对大棚蔬菜、瓜果作物，应注意草帘的早揭晚盖，使其多见阳光，以促进生长。而在江南地区，要加强冬作物管理，清沟排水，培土壅（yōng）

根。对尚未犁耕的农田进行深耕，以蓄水抗旱。对已经开始春播的沿海地区，则要搞好水稻秧苗的防寒工作。

冬至是我国一个传统节日，也是二十四节气中最早被制定的一个，早在尧、舜时期便有用土圭法测影进行时间节气探索的记载。晋南陶寺古观象台的发掘充分证明了这一点。到周代，周公也在洛邑用土圭测影法，确定了天下之中。同时，国家也有在此日祭祀神鬼的活动，以求其庇佑国泰民安。《周礼·春官》有冬至日于圜丘祭天，夏至日于方泽坛祭地，意取天圆地方之意的记载。到汉代，冬至正式成为一个节日。《后汉书礼仪》曰："冬至前后，君子安身静体，百官绝事。"皇帝在这天都要率文武大臣到郊外祭祀。在唐、宋、元、明、清各朝，冬至都和元旦并重，被称为"亚岁"甚至"过大年"，其时百官放假并进表朝贺。究其原因，主要是周朝时以农历十一月初一为岁首，而冬至日总是在其左右。同时，这种文化也与古人"阴极之至，阳气始生"的观念有关。

古代冬至是一个十分隆重的节日，曾有"冬至大如年"的说法，还有贺冬、迎冬、祭孔拜师、祭天祭祖、占卜、数九等一系列礼制习俗，也有吃饺子、吃冬至汤圆、吃冬节丸、捏冻耳朵的节令习俗。经过数千年发展，形成了独特的节令食文化。吃饺子是冬至的常见风俗。传说，这种习俗是为了纪念东汉医圣张仲景而来。当年，他不做官后，回归故里。当看到很多百姓耳朵都冻伤时，他便用面皮掺上药材制成耳朵状的食物，煮熟后分发给大家，就这样治好了他们的冻耳。所以，冬至吃饺子不冻耳朵的说法就流传了下来。而三国时期魏人张揖所著《广雅》有"月牙馄饨"的记载，西晋束皙所著《饼赋》有"牢丸"的记载，与饺子最为相似。数九是民间冬至期间的一种节气娱乐活动。民间有在冬至时印制"九九消寒图"或绘有九朵梅花的"素梅图"的习俗。

节气与健康

冬季是健康"储蓄"的最好季节。冬季闭藏，万物休整，神志深藏于内。人在这时只要顺应这一时令，遵循"冬藏"养生之道，做到多"储蓄"、少"透支"，就能健康长寿。中国民间有立冬补冬的习俗，俗话说"三九补一冬，来年无病痛"。此时宜温补助阳、补肾壮骨、养阴益精。《易经》有"冬至阳生"的说法，受其影响，中国人十分重视冬至时段的养生。此时，应选择既味美又益补的食物。就起居调养而言，冬令气候趋寒，天地阳气潜藏，应注意早睡晚起。

冬至有三候：初候，蚯蚓结；二候，麋角解；三候，水泉动。冬至起，地下的蚯蚓开始盘结起来抱团取暖。过五天，麋鹿角开始脱落。又过五天，地下水泉会涌动。

〔冬至·初候·蚯蚓结〕

　　《月令七十二候集解》曰："初候，蚯蚓结。六阴寒极之时蚯蚓交相结而如绳也。阳气未动，屈首下向，阳气已动，回首上向，故屈曲而结。"《逸周书汇校集注》曰："朱右曾云：结，盘屈如结也。"此时，黄河中游晋南地区进入冬季的严寒时段，隐藏在地下的蚯蚓也向更深层移动，并抱团取暖。拍摄时，可以在秋天从野外挖一些蚯蚓，然后选择一个合适的地方，上中下三层埋藏起来，到冬至时挖出观察。

（拍摄于晋南临汾市翼城县城西）

［冬至·二候·麋角解］

　　《月令七十二候集解》曰："二候，麋角解。说见鹿角解下。"高诱《吕氏注》曰："麋角解者，麋是阴兽，冬至得阳气而解角也。"麋鹿，俗称"四不像"，属鹿科麋鹿属，雄性具角。其角的形态与其他鹿科动物不同，即角枝向后分叉，呈多回分支。发育完整的麋角可以倒置于地而不倒。角的脱落更替主要与生理因素和光照有关。因此，麋鹿是一种很好的物候观测动物。

（拍摄于江苏省盐城麋鹿基地）

［冬至·三候·水泉动］

　　《月令七十二候集解》曰："三候，水泉动。水者天一之阳所生，阳生而动，今一阳初生故云耳。"高诱《吕氏注》曰："水泉动者，泉浚（jùn）于地，阳气聚于内，故禀微阳而动。"意思是说，冬至时节，阳气初生，山中的泉水开始温热起来。

（拍摄于晋南临汾市洪洞县广胜寺霍泉）

227

小寒·在那小寒的日子 /（拍摄于晋南临汾市翼城县佛爷山西麓刘张窑村）

小寒

小寒冻破头，农人忙纺织。

一年穿和戴，早早预备全。

小寒是二十四节气中的第二十三个节气，冬季的第五个节气。每年公历 1 月 5 日至 7 日，太阳到达黄经 285° 时为小寒。《淮南子·天文训》曰："（冬至）加十五日斗指癸（guǐ）则小寒。"小寒与大寒、小暑、大暑及处暑一样，都是指示气温冷暖变化的节气。《月令七十二候集解》曰："小寒，十二月节。月初寒尚小，故云，月半则大矣。"小寒正值三九寒天前后，是二十四节气中气温最低的节气。黄河中游晋南地区有农谚曰："三九四九，冻破石头。"从小寒节气开始，全国大部分地区开始降温，呈现出一派严冬的景象，标志着开始进入一年中最寒冷的日子。小寒节气冷空气导致降温频繁，但达到寒潮标准的天数并不多。唐代元稹有《咏廿（niàn）四气诗·小寒十二月节》"小寒连大吕，欢鹊垒新巢。拾食寻河曲，衔紫绕树梢。霜鹰近北首，雉（gòu）雉隐丛茅。莫怪严凝切，春冬正月交"，正是反映了小寒节气的物候现象。

小寒时节，南方地区正处在给小麦和油菜追施冬肥的时期。在海南和华南大部分地区，则要做好农作物的防冻防寒、积沤农家肥和农田水利基本建设等工作。另外，越冬作物的管理和畜禽类防冻工作也很重要。在黄河中游的晋南地区，要对冬小麦、果园等进行越冬保护。可以向麦田泼浇人粪尿，撒施草木灰。果园则以刮老翘皮、涂白除病虫为主。设施农业以防冻、防风和除雪为主，进入冬管的关键期。晋南运城地区有农谚曰："小寒进入三九天，温棚防风要管好。"临汾则有"猪肉好吃猪难养，冬天别忘看猪场"的说法。

在民间，小寒时节的主要习俗是腊日祭祀。祭祀活动最初包括两个部分，即"蜡（zhà）祭"和"腊祭"，分别是具有浓郁佛教色彩的腊八节和祭灶节（腊月二十三，小年）。蜡祭主要是祭祀管理农业的农业神，这在农耕时代最为重要；而腊祭主要是祭祀祖先。年终祭祖也是上古时期的主要祭祀活动，以祈求祖先对子孙的庇护。此时，在南方，有吃菜饭、吃糯米饭的习俗；在北方，则有吃腊八粥、腌腊八蒜的风俗。吃腊八粥在佛门是一种宗教活动，在民间则有庆祝一年来五谷丰登、祈求来年吉祥如意的寓意。而腊八蒜，则源于古时债主催债流传下来的一种方式。北方有一句老话："腊八蒜，腊八蒜，放账的送信儿，欠债的还钱。"临近年关，都是各行各业清算结账之时，但上门讨账实不吉利，也不近人情，于是，人们借"蒜"与"算"的谐音，送腊八蒜给债务人以催讨债务。欠账人只要见到腊八蒜就知道要还钱了。

节气与健康
小寒时节，是一年中阴邪最为旺盛的时期，应养精蓄锐，敛藏精气，防寒补肾，为来年春天的生机勃发做好准备。

小寒时，防寒最为紧要，通常要尽量减少户外活动。有俗语说"寒从足下生""要长寿，头凉脚热八分饱"，可见足部保健对养生的重要性。我们不要认为足部保暖是局部保暖，实际上，人体足部保暖是整体抗寒防病的一种措施。最好的办法就是睡觉前温水泡脚，然后再进行足心揉搓。同时，还可以继续进行双手搓擦暖腰眼的保健办法，进行肾脏养护。另外，数九寒天，人体血液遇冷收缩，流速减慢，肌肉韧带柔韧性降低，注意一定要进行运动前的预热防护。

唐代名医孙思邈说："安生之本，必资于食。不知食宜者，不足以生存也……故食能排邪而安脏腑。"说明了饮食对人体的重要作用。小寒时节已进入数九寒天，大补已无可非议。但一定要科学进补，不可无法无章。常用的补药有人参、黄芪、阿胶、冬虫夏草、首乌、枸杞、当归等；食补食料有羊肉、狗肉、猪肉、鸡肉、鳝鱼、甲鱼、鱿鱼和海贝等；还有养生的干果可以选用，如核桃、大枣、龙眼、芝麻、山药、莲子、百合、栗子等。

小寒有三候：初候，雁北乡；二候，鹊始巢；三候，雉雊。古人认为，候鸟中大雁是顺阴阳而迁移。小寒时节阳气已动，所以大雁开始向北迁移。北方到处可以见到喜鹊，喜鹊感觉到阳气而开始筑巢。三候"雉雊"的"雊"为鸣叫的意思，雉在接近四九时会感阳气的生发而鸣叫。

﹝小寒·初候·雁北乡﹞

　　《月令七十二候集解》曰："初候，雁北乡。乡，向，导之义。二阳之候，雁将避热而回。今则乡北飞之，至立春后皆归矣。禽鸟得气之先，故也。"意思是说，此时，在南方过冬的大雁已经要飞回北方的老家了。先归的是大雁，而后在"雨水"时迁徙的则是小雁。这种迁飞要持续到"雨水"结束为止。

（拍摄于赣北九江市鄱阳湖畔永修县吴城镇）

［小寒·二候·鹊始巢］

　　《月令七十二候集解》曰："二候，鹊始巢。喜鹊也。鹊巢之门每向太岁。冬至，天元之始，至后二阳已得来年之节气，鹊遂可为巢，知所向也。"此时，黄河中游晋南地区的喜鹊已经从叽叽喳喳的恋爱求偶中走出，它们开始成双成对地搭窝建巢了。拍摄"鹊始巢"应注意拍摄正在搭建的新巢，而不是老窝。

（拍摄于晋南翼城县浍水河畔乔家村）

［小寒·三候·雉雊］

　　《月令七十二候集解》曰："三候，雉雊。雉，文明之禽，阳鸟也。雊，雌雄之同鸣也，感于阳而后有声。"《逸周书汇校集注》曰："雉属火，感于阳而鸣。"此时，黄河中游晋南地区的野鸡开始进入求偶繁殖期。它们常常在山冈林间相对而鸣，人们可以听到"嘎""咕咕"的叫声。其实，"嘎"是雄雉的鸣声，而"咕咕"则是雌鸟的应答，它们正在热恋之中。拍摄"雉雊"不能以野鸡飞翔的画面代之。

（拍摄于晋南临汾市翼城县城北丹子山）

大寒·大寒封河 /（拍摄于晋陕边界黄河壶口瀑布下游一公里处）

大寒

窗外鹅毛雪，檐前冰凌吊。

贴好红对联，春节阖家笑。

大寒是二十四节气中的最后一个节气，也是冬季的最后一个节气。每年的公历 1 月 19 日至 21 日，太阳到达黄经300°时为大寒。《淮南子·天文训》曰："（小寒）加十五日斗指丑则大寒。"大寒，就是天气寒冷到极点的意思。大寒节气期间冷空气频繁，寒潮大举南下，有谚语曰："小寒大寒，冻成冰团。"《授时通考·天时》引《三礼义宗》云："大寒为中者，上形于小寒，故谓之大……寒气之逆极，故谓大寒。"过了大寒，就会迎来新一年的节气轮换。

　　大寒时节，寒潮南下，常伴有大风降温和雨雪天气，我国绝大多数地区呈现出持续晴冷的天气状况，地面积雪不化，寒潮往往来势汹汹，正合大寒与四九之"彻骨冰寒"之意。在中国北方地区，由于从小寒到大寒，人们一直持续地处于低温环境之中，因此，总有一种越来越冷的感觉。现代气象研究表明，在我国大多数地区，大寒没有小寒冷，但从小寒到大寒，有一个寒冷积累的过程。一般来说，"小寒时天寒最甚，大寒时地冻最坚"，人们走在路上，会感觉到"脚冷冷全身"。不过在少数沿海地区，全年最低气温仍然会在大寒时节出现。晋南有谚语曰："三九四九，冻破石头。"然而，由于受冷气团控制，小寒和大寒节气是降水最少的时段。宋代邵雍有《大寒吟》诗曰："旧雪未及消，新雪又拥户。阶前冻银床，檐头冰钟乳。"此诗句正是大寒时节的真实描述。

大寒之时，北方的农村广积农家肥，为明年春耕备播做准备。同时，也要加强畜禽的防寒防冻工作。南方地区则要加强小麦及其他作物的田间管理。而在广东的岭南地区，有大寒节气田间捉田鼠的习俗。此时，正处于农闲时段，可思谋生产计划，为明年生计打好基础。晋南农谚"大寒不出家，思谋咋发家"就是这个道理。往往，大寒时节的文化作品，也会突出一个"寒"字，读来有凄凉悲壮的感觉，使人回味无穷。宋代陆游有《大寒》诗曰："大寒雪未消，闭户不能出，可怜切云冠，局此容膝室。吾车适已悬，吾驭久罢叱，拂尘取一编，相对辄终日。亡羊戒多歧，学道当致一，信能宗阙里，百氏端可黜（chù）。为山傥（tǎng）勿休，会见高崒（zú）崒（lù）。颓龄虽已迫，孺子有美质。"这首诗写出了大寒时节，作者对人生的感慨。

大寒节气之后，会迎来中国人的传统节日春节，民间流传有吃糯米、祭灶、喝鸡汤、赶年集、买年货、写春联等习俗活动。腊月二十三为祭灶节。传说灶王爷是玉皇大帝派到百姓家中的灶神，每年岁末都要回天宫汇报民情。腊月二十三这天，人们要在灶王像前的桌案上供放糖果、清水、料豆、秣草等祭，其中，后三样供品是灶王升天时坐骑的草料。人们还要把关东糖用火溶化涂在灶王爷的嘴上，让其上天多言好事。其神龛的对联普遍都是："上天言好事，回宫降吉祥。"而在大年三十，灶王爷又要回来与诸神到人间过年，所以，还要有接灶、接神的仪式。

节气与健康

大寒时节，天气寒冷，空气干燥，降水较少，我国大多数地区都会出现晴冷的天气态势。特别是北方地区，天寒地冻、风刀霜剑、千里冰封、万里雪飘，一片冰雪世界，因此，着装方面要注意保暖。在南方地区，往往"室内室外一样冷"，再加上阴雨浓雾，空气潮湿，必须注意着衣御寒。同时，也要关注室内的湿度情况，早晚要开窗通气。

大寒时应适当进行体育锻炼，以增强体能。在饮食上，宜选用羊肉、狗肉等温肾壮阳之物补之。食物不可过咸，因咸味会入肾，致肾水更寒，不利于振奋心阳。切忌寒食，以免耗伤元阳。睡前宜热水泡脚，白天宜日光浴，以助阳气升发。

由于大寒是一年中的最后一个节气，与下一年的立春相连接，所以在饮食上与冬季其他节气有一定的不同：一是进补量要逐渐减少，以顺时应变；二是增添具有升散性的食物，为春天升发做好准备，如紫苏叶、生姜、大葱、辣椒、花椒、桂皮等；三是为预防呼吸道疾病的产生，可多食用一些温散风寒的食物，如生姜、红糖水等。

大寒有三候：初候，鸡乳；二候，征鸟厉疾；三候，水泽腹坚。大寒之始，母鸡开始产蛋。过五天，猛禽凌空疾飞。又过五天，水塘中央结坚冰。

【大寒·初候·鸡乳】

　　《月令七十二候集解》曰："鸡乳，乳育也。"《逸周书汇校集注》曰："乳，卵也。"此时，黄河中游晋南地区母鸡开始下蛋，准备养育小鸡雏了。

（拍摄于晋南临汾市翼城县城北丹子山散养鸡场）

［大寒 · 二候 · 征鸟厉疾］

　　《月令七十二候集解》曰："二候，征鸟厉疾。征，伐也，杀伐之鸟，乃鹰隼之属。至此而猛厉迅疾也。"此时，大地一片萧条，树叶尽落，白雪皑皑，野兔、野鸡、田鼠等猎物暴露在光天化日之下，高空盘旋的鹰隼类征鸟居高临下，飞行和猎捕能力正处于最佳状态，抓捕猎物精准而迅疾。

　　（拍摄于吉林市昌邑区土城子满族朝鲜族乡渔楼村）

〔大寒·三候·水泽腹坚〕

　　《月令七十二候集解》曰："三候，水泽腹坚。阳气未达，东风未至，故水泽正结而坚。陈氏曰，冰之初凝，水面而已，至此则彻，上下皆凝，故云腹坚，腹犹内也。"此时，黄河中游晋南地区的河泽、池塘几乎到了实冻的状态，天气达到了最为寒冷的时段。

（拍摄于晋南临汾市翼城县小河口水库）

附录：二十四节气发展简史

　　二十四节气是中华民族的优秀传统文化遗产，历史悠久，源远流长。它是我国先民在长期的生产生活实践中，通过观察太阳周年运动规律而为农业生产和人民生活服务的历法，是中国历法的重要组成部分（准确地说是中国历法的补充历法），对中国农耕文明和人民生活产生了深远的影响。中国古代这一发现，不仅在中国文明史上是一朵奇葩，而且在世界文明史上也占有重要的位置。

　　2016年11月30日，二十四节气被联合国教科文组织列入《人类非物质文化遗产代表作名录》，被国际气象界公认为"中国古代第五大发明"。

　　二十四节气发源于尧舜时期甚至更早，形成于西汉，完善于清代，走过了几千年的发展历程，是中国人民一项伟大的发明，也是中华民族优秀的传统文化遗产。它在发展形成完善过程中凝结的有关科学和文化的知识和故事，十分值得我们研究追思，使之成为当今我们推进改革发展，实现中华民族伟大复兴的中国梦，增强民族文化自信的强大动力。

约 8000 年前的新石器时代（母系社会），河北武安磁山文化遗址出土的圭盘、陶蓍（shī）草器，应该是当今发现的最早的历法工具。

约 6500 年前河南濮阳西水坡遗址确认古人"二分二至"的认知，是中国早期星相探索的实践记录。

约 6000 年前的黄帝时期，相传已经有《黄帝历》。约 4200 年前的帝尧时期，尧拜弃为农师，驻扎现晋南稷山，历象日月星辰，教农稼穑。同时，任命羲仲、羲叔、和仲、和叔四人，于云丘山南的东社、西社、中社和高榘（jǔ）等四村区域，观测记录星相，观察鸟兽羽毛更换等物候现象并向弃报告工作。据说国家之"社稷"说，由此而来。此时期，确定了一年 366 天，一年分为春、夏、秋、冬四季，并产生了"二分二至"的节气概念，且能够"以闰月正四时"。此时期，舜处于青年时代，耕于晋南历山。其带领先民，观察风雨雷电日月星辰和植物的生长、开花、结果，以及动物的鸣叫、求偶、繁殖等过程，探索物候与粮食生产的关系。

约 4100 年前的虞舜时期，舜任命弃为后稷，执掌农事，并继续完善了历法、物候观测实践。约 3800 年前的夏禹时期，禹夏元年颁夏时于冀（古冀州，在晋南为中心的区域）。夏时即《夏小正》，是我国最早的一部物候历，也是一部只有四季、星相和物候而没有节气记录的最早的夏历。在《夏小正》中，可以清晰地看到二十四节气形成的蛛丝马迹。

3100 年前的殷商时期，我国出现甲骨文，开始进入有文字记录的历史阶段。甲骨文中出现"春、夏、秋、冬"四季记录。我国出现《殷历》，史学家推定是《夏小正》的成书阶段。

2300 年前的东周列国时期，国家设有专门管理"四立"的官员：青鸟氏，司启者也；丹鸟氏，司闭者也。节气在"二至二分"的基础上，"四立"启蒙产生。战国时期《吕氏春秋·十二月纪》（前 770—前 476 年）已有 8 个节气（立春、立夏、立秋、立冬和春分、秋分、夏至、冬至）的明确记录，并对节气相对应的物候和自然现象也有明确的记录。同时，从物候记录可以看出，此时是其他 16 个节气形成的萌芽时期。

1700 年前的西汉初年，继续使用秦时颁布的《颛顼（zhuān xū）历》。西汉武帝太初元年（前 104 年），由邓平主持，天文学家落大闳（hóng）制订了《太初历》，把秦汉初年的二十四节气正式纳入历法之中，并明确了二十四节气的天文位置。这在二十四节气发展和普及史上具有里程碑的意义。

西汉淮南王刘安召集门人编汇《淮南子》，成书于汉景帝后期，汉武帝建元二年（前 139 年）献于朝廷。彼时的二十四节气与现今的二十四节气完全相同，可以说是二十四节气的确立之时。尽管《逸周书·时训解》许多内容是春秋战国时写成，但它成书于《淮南子》之后，必然受到其影响。西汉宣帝时，戴圣编《礼记·月令》，使二十四节气向全国进行了广泛传播。

1430 年前南北朝时期，著名科学家祖冲之将地球运行中因星球引力形成地球转轴方向缓慢变化的情况引入节气确定，修成《大明历》。

1400 年前隋朝时期，著名天文学家刘焯（zhuō）打破"平气法"，实行"定气法"，将地球运动并不匀速的情况考虑进去，打破了二十四节气均分为十五天的情况，制订了《皇极历》，使历法更加精准。但受政治及社会因素影响，到清朝才得以实行。

1100 年前，唐初《戊寅元历》和《麟德历》改"平朔"为"定朔"作为每个月的开始，使二十四节气的时间更加精准。唐著名天文学家一行（张遂）在登封造成观象台，制成《大衍历》。

南朝宋元嘉二十年（443 年），天文学家何承天创订《元嘉历》。元至元十八年（1281 年）郭守敬也在登封颁布了当时世界上最先进的历法《授时历》，确定了一个回归年为 365.2425 天，比罗马教皇格里高利历早 300 年。吴澄（伯清）《月令七十二候集解》，全面解释了二十四节气与七十二候。

清顺治二年（1645 年）颁行《时宪历》，正式采用了隋朝刘焯的"定气法"，使二十四节气更加标准，更加合理，也更加科学。此历法确定的二十四节气一直沿用至今。至此，中国二十四节气正式成型！

后 记

我是粮食系统的一名老兵，也是摄影领域的一名新兵。多年的农业农村工作让我对二十四节气和七十二物候颇有些了解和掌握。近年来随着传统文化的普及和节气文化遗产的申报，我看到太多的反映节气和物候的影像美则美矣，但就其科学性而言，总是差了那么一口气。于是我就想何不自己拍一套科学反映二十四节气和七十二物候的照片。

我庆幸自己出生在二十四节气的起源圣地——黄河中游晋南翼城的历山地区，学习了农学专业，从事农业农村工作三十余年，并在临近退休的十年间有了一个特别的爱好——摄影。因此，我感到我没有理由不把中华民族这部博大精深的科学农耕文化努力地拍摄出来。我清楚地记得，20世纪80年代初的暑假里，我与父亲在责任田里收麦子。父亲说："你现在也是农学专业的大学生了，你给说说二十四节气吧。"我当时就蒙了圈，感到十分羞愧。这次能坚定地完成《二十四节气与七十二物候》的拍摄和相关的补注工作，应该说响应了中央领导北京文艺座谈会的号召，也是我对九泉之下父亲的一个交代，也许这会抚慰我多年忐忑不安的心情。

　　特别应该指出的是，在拍摄这组二十四节气作品的过程中，我参阅了近三十年间所收藏的有关节气方面的著作和现代网络资料，诸如竺可桢、宛敏渭所著的《物候学》（科学出版社），王秀忠、隋斌主编的《二十四节气农谚大全》（中国农业出版社），吕宏军主编的《人类非物质文化遗产中国二十四节气》（线装书局），王英武主编的《二十四节气与山西农事》（山西出版传媒集团），黄怀信等所著的《逸周书汇校集注》（上海古籍出版社），何驽所著的《怎探古人何所思》（科学出版社）等著作。在此，向这些作者老师表示由衷的感谢。同时，还要特别感谢国家气象专家丁一汇院士为本书审核把关，感谢单位同事对我的支持。最后，还要感谢我的爱人吕晓云女士对我默默无闻的支持，这种支持是那么的无怨无悔，这种爱使我终生难忘。我还要特别感谢中国摄影出版社对我的信任、支持和指导，使我在摄影创作的道路上有了一个新的起点。

　　二十四节气是中华民族优秀的传统文化，也是世界的非物质文化遗产，更被誉为中国古代的第五大发明。我们没有理由不把这一优秀的文化发扬光大、代代传承。

由于本人摄影经历有限，创作实践较少，作品不成熟乃至出现纰漏在所难免，希望农业专家、气象学专家、广大的影友和读者多提宝贵意见，我会继续努力，把二十四节气更加精准、更加精彩地呈现出来。向中华民族优秀的传统文化致以崇高的敬意。

李学峰

2018 年 12 月

图书在版编目（CIP）数据

二十四节气与七十二物候 / 李学峰著 . -- 北京 ：
中国摄影出版传媒有限责任公司，2019.8
ISBN 978-7-5179-0884-5

Ⅰ . ①二… Ⅱ . ①李… Ⅲ . ①二十四节气－通俗读物
Ⅳ . ① P462-49

中国版本图书馆 CIP 数据核字 (2019) 第 170696 号

_____

二十四节气与七十二物候
来自历法源头的影像物候报告（修订版）

作　　者：李学峰
出 品 人：高　扬
策划编辑：郑丽君
责任编辑：丁　雪
装帧设计：胡佳南
出　　版：中国摄影出版传媒有限责任公司（中国摄影出版社）
　　　　　地址：北京市东城区东四十二条 48 号　邮编：100007
　　　　　发行部：010-65136125　65280977
　　　　　网址：www.cpph.com
　　　　　邮箱：distribution@cpph.com
印　　刷：北京地大彩印有限公司
开　　本：32
印　　张：8
版　　次：2021 年 3 月第 2 版
印　　次：2024 年 9 月第 4 次印刷
ISBN　978-7-5179-0884-5
定　　价：58.00 元